理神論の終焉

「エントロピー」のまぼろし

革島 定雄

東京図書出版

理神論の終焉◈目次

1 はじめに

われわれはどこから来てどこへいくのか？
私たちは死んだらどうなるのか？
自分はなぜ今ここにいるのか？
人間存在の意味は何か？
パスカルはこういう質問に対する答えを求めて思索を続けた。
一方デカルトはこういった質問に無関心であった。
しかしスピノザやニュートンはこういう質問に対する答えを知っていた。
つまり汎神論である。

「汎神論《はんしんろん》」という言葉は日本人にはなじみが薄く、多くの人がその語の意味するところをよく知らないのではないでしょうか。『大辞泉』で「汎神論」を引くと、「《pantheism》万物は神の現れであり、万物に神が宿っており、一切が神そのものであるとする宗教・哲学観。古くはウパニシャッドの思想、ストア学派の哲学、近代ではスピノザの哲学など。万有神論。パンセイズム。⇓無神論」と出てきます。つまり「汎神論の神」とは日本人が昔から拝んできた神様や仏様のことに他ならないわけです。日本古来の神道や、ウパニシャッドの流れを汲む仏教は、私たち自身を含めた大自然、つまりこの世界こそが神や仏に他ならないとみなします。つまりこれらの教えが汎神論そのものなのです。やはり『大辞泉』で「無神論」を引くと、「①神の存在を否定する立場。自然主義・唯物論・無神論的実存主義などがこれに属する。⇕有神論。②人格神論（有神論）に対して、汎神論・理神論などをいう」と出てきます。ユダヤ教やイスラム教のように創造主（つまり神）と被造物を厳格に分ける有神論の教えにおいては、②で示されているように（神と自然を同一視する）汎神論は無神論とみなされてしまいます。キリスト教も『旧約聖書』を聖典の一つにしているため建前上は有神論なのですが、『新約聖書』に書かれたイエス・キリストの汎神論的な教えをより大切にしているカトリック修道会もあるようです。しかし16世紀以後のヨーロッパの哲学史や科学史を眺めてみれば、汎神論の思想をいだいた者達が批判や迫害を受けてきたことは明らかです。しかもそれは現在まで続いています。

自然主義（科学主義、唯物論）が有神論者から無神論として非難されることはありましたが、実は自然主義も有神論も共に理神論であり同じ穴の貉《むじな》に過ぎません。従って理神論者が教会から迫害を受けたことなどほとんどありませんでした。それなのに有神論者たちは、汎神論者であったガリレイ、スピノザそしてニュートンが、あたかも理神論者であったために批判を受けたかのように歴史を書き換えています。汎神論の立場に立てば真理が見えてきますが、理神論者は真理を隠蔽《いんぺい》したいのです。「相対論」「集合論」「熱力学の第二法則」「ダーウィニズム」そして「見えざる手」論などはすべて、冒頭に挙げた質問への真の答え（つまり汎神論）を隠蔽するための似非《えせ》理論に過ぎません。

2 死後の世界について

理神論者は汎神論的な神や死後の世界の存在を決して認めようとはしません。理神論者の中でも特に無神論者、つまり唯物論の立場をとる人々が死後の世界の存在の否定に躍起になります。それはなぜなのでしょうか？

無神論者であるリチャード・ドーキンス（1941－）はその著『神は妄想である』において、ブレーズ・パスカル（1623－1662）の『パンセ』に記されている神の存在についての論証（いわゆる「パスカルの賭け」）を徹底的に批判しています。

フランスの偉大な数学者ブレーズ・パスカルは、神が存在するという確率がどんなに小さくとも、神の有無についてまちがった推測をしたときの報いには、かなり大きな非対称性が存在すると考えた。あなたは神を信じたほうがいい、なぜなら、もしあなたが正しければ永遠の幸福という利得を得るが、まちがっていたとしても、いずれにせよ失うものはないだろう。それに対して、もしあなたが神を信じないとして、それがまちがっていることが判明すれば、あなたは永遠の苦しみを得ることになるが、正しかったとしても、何の利得もない。悩む必要がないのは明らかだ。神を信じなさい。

　けれども、この論証には、はっきりとおかしいところがある。信じるというのは政治問題とはちがって、あなたがどうするか決定できるものではない。少なくともそれは、自分の意志で決定できるようなものではない。私は教会へ行くかどうかを決定できる。私はニカイア信条を唱えるかどうかを決定できるし、聖書に手を載せて、そこに書かれているすべての言葉を信じると宣誓するという決定をすることができる。しかし、これらの行為のどれ一つとして、私が信じていないものを実際に信じさせることはできない。パスカルの賭けは、神を信じているふりをするための論証でしかありえない。そして、あなたが信じると主張する神は全知という類《たぐい》の存在ではないほうがいいだろう。さもなければ、神はその偽装を見抜いてしまうだろうから。「何を信じるか」ということが自分で決定できるものだという馬鹿げた考えは、ダグラス・アダムズの『ダーク・ジェントリーの全体論的秘密探偵社』において、もののみごとにからかわれている。そこにはロボットの電子僧侶が登場するが、それは「あなたにかわって物事を信じてくれる」、労働節約型の装置である。宣伝によれば、デラックス型は、「ソルトレイク・シティ［モルモン教の本拠地］では信じないようなことを信じさせることができる」というふれ込みの商品だ。

しかしいずれにしてもなぜ私たちは、「神を喜ばせたいならば、しなければならないのは彼を信じることだ」という考えを、そんなに簡単に受け入れてしまうのだろう？　信じることの何がそれほど特別なのだろう？　神が親切、寛容、あるいは謙遜、あるいは誠意という報償をくれるだろうというだけのことではないのだろうか？　もし神が科学者で、真理を真っ正直に追究することが最高の美徳であるとみなしていれば、どうなるのだろう？　実際、宇宙の設計者《デザイナー》は科学者でなければならないということにならないのか？　バートランド・ラッセル（引用者注：1872−1970）は、もし彼が死んで気がついたら神の前に立っていて、ラッセルがなぜ神を信じなかったのか理由を知りたいと要求されたら、どう答えるのかという質問を受けた。「証拠が十分でなかったのですよ。神様、十分な証拠がなかったからですよ」というのがラッセルの答であった（私はこれはほとんど不滅の答だと言いたい）。神は、ラッセルが怯懦《きょうだ》（引用者注：臆病なこと）な賭け頼みのゆえにパスカルを尊敬した場合よりもはるかに強く、ラッセルの勇気ある懐疑主義（第一次世界大戦で投獄されることにつながった、彼の勇気ある反戦主義はさておき）に敬意を表するのではないだろうか？　そして、神がどのようなやり方で飛躍するのか私たちには知りえないのではあるが、それを知らずともパスカルの賭けを退《しりぞ》けることはできるのである。思い出してほしいのだが、私たちは賭けについて論じているのであり、パスカルは、彼の賭けについて、神の存在する可能性《オッズ》がきわめて低い、としか明言していない。それに、正直な懐疑論よりも、不正直に偽装した信仰（まあ、心底からの信仰である場合もあるだろうが）のほうを評価するような神に、あなたは賭けようというのか？

さらに言うなら、あなたが死んだときに対面する神がバール（引用者注：ユダヤ教にとっては異教の男神）であったと仮定し、そしてバールがその仇敵《きゅうてき》であるヤハウェ（引用者注：ユダヤ教の神、エホバとも呼ばれる）について言われていたのと同じほど嫉妬深いと仮定してみてほしい。パスカルはまちがった賭けをするよりは、神にまったく何も賭けないほうがよかったのではないだろうか？　実際、賭けの対象となるかもしれない神や女神の純然たる数だけで、パスカルの論理全体が無効にされてしまうのではないだろうか？　パスカルはおそらく、彼の賭けに乗れと推奨しているとき、私がこうして冗談混じりに「そんなのに乗るのはやめろ」と言っているのと同じように、冗談半分だったのだろう。ともあれ、講演のあとの質問時間などに、神を信じることにとって有利な証拠として、パスカルの賭けを真剣にもちだしてくる人に出会ったことがあり、それゆえ、ここで簡単に紹介した次第である。

最後に、反パスカルの賭けのような類《たぐい》のものがあったとしたら、そっちに乗るのはアリだろうか？　神の存在が、ごく小さな確率ながらありえることを認めると仮定してみよう。

にもかかわらず、神が存在しないことに賭けたほうが、存在することに賭け、したがってあなたの貴重な時間を、神を拝み、犠牲を捧げ、神のために闘い、死ぬ、その他のことに浪費するよりも、よりよい、より充実した人生を送れるだろう。(後略)

このドーキンスの「パスカルの賭け」に対する批判は明らかに破綻しています。まずパスカルは神の存在を信じなさいと恫喝しているのではなく、どちらに賭けるのが有利であるのかを示しているに過ぎません。それに対してドーキンスは神を信じるなと教唆しているのです。さらにパスカルは神の存在確率がごく小さいと認めているわけではなく、仮にごく小さいと仮定したとしても神の存在に賭けたほうが有利であると言っているのです。実際、後にまた論じますが、汎神論的な神の存在の証拠は絶対空間をはじめ万有引力、生命の発生と進化など数多く存在しています。ドーキンスはそのうえ神を信じて生きる人生を時間の浪費と決めつけて、親切、寛容、あるいは謙遜、あるいは誠意をもって生きるよりも、利己的に生きる方が得であるに違いないと主張しているわけです。これが無神論者の人生観なのです。ドーキンスの誤謬《ごびゅう》の根本原因は、パスカルが「神および死後の世界が存在するかしないかどちらかである」という公平な仮定を置いているのに対し、ドーキンスが端《はな》から「死後の世界など存在しない」ことを前提に論じているところにあります。つまりパスカルが神および死後の世界の存在に賭けておけば、勝てば永遠の幸せを得、負けても失うものは何もないと主張しているのに、ドーキンスはどうせ神など存在せず死んだら終わりなのだから利己的に生きる方が得だと言っているに過ぎないのです。ドーキンスのような無神論者は科学的に存在証明できないものはもともと存在しないのだと決めつけます。確かに神や死後の世界の存在は科学的に証明できるものではありませんが、逆に科学が神や死後の世界の非存在を証明したというわけでもありません。したがって存在も非存在も証明できない神や死後の世界を端から存在しないと決めつけるのはけっして科学的態度とは言えないわけです。パスカルのような偉大な思想家はルネ・デカルト（１５９６－１６５０）流の合理主義つまり理神論の危うさに気づいており、そこで「パスカルの賭け」を提示したわけです。パスカルの『パンセ』には次のようなデカルト批判が記されています。

「私はデカルトを許せない。彼はその全哲学のなかで、できることなら神なしですませたいものだと、きっと思っただろう。しかし、彼は、世界を動きださせるために、神に一つ爪弾《つまはじ》きをさせないわけにはいかなかった。それからさきは、もう神に用がないのだ。」

「無益で不確実なデカルト。」

（前田陽一新訳／由木康改訳「パンセ」『世界の名著24　パスカル』）

デカルトはその著『省察《せいさつ》』において何度も神の存在証明を行っていますが、おそらくそれは無神論者と非難されないためのアリバイ作りに過ぎず、実際には彼は、パスカルに「それからさきは、もう神に用がないのだ」と見抜かれていたとおり、神に対する尊崇《そんすう》の念などほとんど持ちあわせない理神論者、つまり限りなく無神論者に近い理神論者であったのでしょう。

以上みてきたように、理神論者、とくに無神論者にしてみれば死後の世界の存在など到底認めたくないものなのですが、死後の世界の問題については最近興味深い動きが認められます。それは死後の世界の存在を確信する医師が増えているらしいことです。以前より臨死体験を研究してそれが単なる幻覚などではないと主張する医師は少なからず存在していましたが、最近自らが臨死体験をして、その体験のリアルさを証言する医師が現れだしたのです。特に米国の脳外科医でそれまでは理神論的考えを持っていたエベン・アレグザンダー医師は２００８年に強烈な臨死体験をしたのを契機として一気に汎神論者へと変貌してしまいました。彼がその体験をもとに著した本*Proof of Heaven*は日本でも『プルーフ・オブ・ヘヴン』として出版されています。この本は米国でセンセーションを巻き起こし、またたく間に２００万部を突破したとのことです。一級の脳外科医でありまた科学者である著者の主張は、同じ医師である私から見てもとても説得力に富んだものです。まだ読んでおられない方には是非ご一読をお勧めします。同書より臨死体験とは直接関係のない、養父の経歴を紹介した部分を次に引用します。

幼い頃から、私は父を尊敬していた。父はウィンストン・セーラムにあるウェイク・フォレスト大学バプテスト医療センターで二〇年にわたり院長を務めていた。私が神経外科の道を選んだのは、少しでも父の志を継ぎたいと考えたからだった。完全にそれができるとは思わなかったが。

父は精神性も深かった。第二次世界大戦では陸軍航空隊の軍医としてニューギニアやフィリピンの密林に出征し、そこで残虐な行為や人々の苦しみを目撃して、自らもそれに苦しんだ。モンスーンの豪雨に打たれていまにも崩れそうなテントで幾晩も手術に明け暮れた話、湿度と酷暑に耐えるために下着一枚になって手術をしなくてはならなかった話などを、父は語ってくれた。

父が最愛のベティと式を挙げたのは、太平洋戦域で兵役に就いていた一九四二年の一〇月だった。ベティは部隊長の娘だった。終戦時には、広島と長崎への原爆投下後に日本を占領していた連合国軍の初期駐留部隊にいた。東京には米軍の神経外科医は父しかいなかったため、父は不可欠な存在として耳鼻咽喉科の手術まで任されていた。

東京の父は、そうした事情に阻まれて長い間祖国へ戻ることができなかった。新しい上官に「情勢が落ち着くまで」と言って帰国を認めてもらえなかったのだ。ようやく帰国命令を受け取ることができたのは、東京湾上の戦艦ミズーリで日本が降伏文書に調印をしてから何カ月も経ってからだった。（後略）

さて、次に長年臨死体験を研究してきて、最近自らも臨死体験をしたレイモンド・ムーディ医師の近著『生きる/死ぬ　その境界はなかった』から、父親についての回顧の部分を少し引用します。

それから何年も経ったのち、父は、太平洋の遠い島の軍事基地で経験したことを話してくれた。その日、

「全員、飛行機の格納庫に整列！」

との号令がかかったという。兵士たちがそこへ行き、整列すると、ゆっくりとそこに入ってきたのは、銀色の米軍爆撃機B－29だった。プロペラを回し、キーキーと音をたてながら、ゆっくりとその巨体を現わした。機体には「エノラ・ゲイ」（原爆を落とした爆撃機）と書いてあった。

また機長の服のポケットのあたりには、彼のチベッツという名が縫い付けられていた。多くの政府関係者や、軍の将校らもたくさん出迎えていた。チベッツ機長は彼らに近づき、短くスピーチしたのち、勲章を授与されていた（訳注　エノラ・ゲイはチベッツ機長の母の名である。機長は愛機を母の名で呼んでいた）。

父はその場で、「原爆」という言葉を聞いた。そのとき、「一体何なんだ？　それをたった一発落としたからといって、なぜこんなに大騒ぎするのか」と父は思ったという。

自ら臨死体験をした米国人医師が、二人そろって父親の回顧に託《かこつ》けて日本への原爆投下に触れているのはおそらく単なる偶然ではないでしょう。汎神論者になると、原爆投下による非戦闘員の大量虐殺に対する慚愧《ざんき》の念が強くなりますので、どうしてもそこに触れずにはいられなかったのでしょう。理神論者は、「原爆投下によって本土決戦が避けられて多くの命が救われた」などと原爆投下を正当化しますが、汎神論者からすれば、この弁明の欺瞞性は明らかです。理神論者たちは死んで神や死後の世界の存在がわかった時のことを心底《しんそこ》恐れているに違いありません。最初に紹介したドーキンスの引用文もそう思って読み返せば、きっと彼の恐怖心を感じ取ることができるでしょう。彼が、パスカルに倣《なら》って神を信じる者達を臆病者呼ばわりするのは、実は彼の強い恐怖心の裏返しなのです。

引用したレイモンド医師の本を監修した東大医学部附属病院の矢作《やはぎ》直樹医師も、学生時代に山で二度滑落して臨死体験したのを契機に汎神論者となったそうです。その著『人は死なない』で次のように汎神論者であることを明かしています。

日常的にはほとんど意識することはないでしょうが、よく考えてみると生命の在り方にしても宇宙の成り立ちにしても、我々の生きるこの「世界」は途方もない神秘性に包まれていることがわかるはずです。

そして、有史以来、大半の人々が日常では意識しないにせよ無意識のうちに、人間の考える意思を超えた、いわば「絶対的意思」とも言える存在を感じ取っているのではないでしょうか。

宗教における「神」とは、この人智を超えたすべてを司る「全的でありかつ想像を絶する大きな力」のことに他なりません。

私ももちろんこうした「力」の存在を感じている一人ですが、私はそれを「摂理」と呼んでいます。

ジャーナリストの立花隆氏には『臨死体験』というなかなか立派な著書がありますが、彼自身は不可知論者（つまり有神論にも汎神論にも否定的な、要するに無神論的な理神論者）であるそうです。その彼が『文藝春秋』（平成26年10月号）誌上で口を極めて矢作直樹氏を罵《ののし》っています。

もう一つ困ったことだと思うのは、最近、何度も新聞に大きな広告を出して、〝続々重版二十万部突破！〟などと売りまくっている、『おかげさまで生きる』という東大医学部附属病院の救急部・集中治療部長たる矢作直樹氏が書いた本だ。この人は二〇一一年、『人は死なない』などという常識に反する仰天タイトルの本を出版し、これが大いに売れたらしい。それがちょっとこむずかしい部分があったことを反省してか、ページを大幅に減らし行を減らし、内容量およそ数分の一にして、誰でも読めるやさしい文章にして、世の中にこれほど中身がスカスカの本がありうるのかと啞然とするほど内容がない本を作った。「救急医療の第一線でたどりついた、『死後の世界はある』という確信」の広告コピーで売りまくっている本だ。

本の中身は羊頭狗肉もいいところだ。「人は死なない」の結論部分はこうだ。「寿命が来れば肉体は朽ちる、という意味で、『人は死ぬ』が、霊魂は生き続ける、という意味で『人は死なない』」

要するに、人間を肉体と霊魂に分けて、肉体は死ぬが、「霊魂は生きる」という昔ながらの心身二元論に立って人は死なないといっているだけ。さらに霊魂不滅の実証として、さる霊媒を通して死んだ母親と語り合ったという話が出てきたりする。総じて文章は低レベルで「この人ほんとに東大の教授なの？」と耳を疑うような非科学的な話（たとえば、百年以上前にヨーロッパで流行った霊媒がどうしたこうしたといった今では誰も信じない話）が随所に出てくる。これは東大の恥としかいいようがない本だ。

矢作氏の汎神論と立花氏の理神論、どちらに共感するかはもちろん読者の自由です。

3 無限集合論の終焉

現代数学は無限集合論をその土台に据えようとしていますが、実無限の立場である無限集合論は実は矛盾を抱えているのです。無限集合論ではすべての自然数の集合のような可算無限集合と、すべての実数の集合のような連続体無限集合とは濃度が異なり1対1対応をつけることができないとしていますが、そんなことはありません。すべての自然数の集合が存在するという実無限の仮定を置けるとするならば、すべての自然数とすべての実数との間に1対1対応をつけることができることを示しましょう。

まずすべての自然数の10進法表記を2進法表記に書き換えます。次にその2進表記のミラーイメージを作り、そのミラーイメージの前に〝0.〟をつけて2進小数を作ります。最後に2進小数を無限小数表記に書き換えます。なお表記〝111…〟は111の後に無限に1が続くことを意味します。

さて、次の表1の右端に0以上1以下のすべての実数が出現することになり、これですべて

表1　区間［0, 1］のすべての実数を並べる

10進表記	2進表記	2進表記のミラー像	2進小数	2進小数の無限小数表記
0	0	0	0.0	0.000…
1	1	1	0.1	0.0111…
2	10	01	0.01	0.00111…
3	11	11	0.11	0.10111…
4	100	001	0.001	0.000111…
5	101	101	0.101	0.100111…
6	110	011	0.011	0.010111…
7	111	111	0.111	0.110111…
8	1000	0001	0.0001	0.0000111…
9	1001	1001	0.1001	0.1000111…
10	1010	0101	0.0101	0.0100111…
⋮	⋮	⋮	⋮	⋮

の自然数と0以上1以下のすべての実数を1対1に対応させることができました。これに対してゲオルク・カントール（1845－1918）の対角線論法による反論を試みたとしても、対角線上に現れる小数は0.0111…ですから小数点以下の数字をすべて書き換えて得られる数字は0.1となり2番目の小数と同一の数でしかなく、従ってこの表に決して現れない実数を示したことにはならないのです。

さて次に先ほど一列にならべた0以上1以下の2進小数を次の表2のように左端に下方に向かって並べて小数部分とします。そして左から右にすべての自然数を並べてその自然数を整数部分とする数を作ります。この時符号も正負両方のものを作りますと、この表（表2）にはすべての実数が現れることになりますので、あとは矢印のように

表２　すべての実数を並べる

0	1	2	3	……
0	±1	±2	…	…
±0.1	±1.1	±2.1	…	
±0.01	±1.01	±2.01		
±0.11	±1.11	±2.11		
±0.001	±1.001	±2.001		
±0.101	±1.101	…		
±0.011	±1.011	…		
±0.111	±1.111			
±0.0001	±1.0001			
±0.1001	±1.1001			
±0.0101	±1.0101			
⋮	⋮			

ジグザグにひろっていけばすべての実数を一列に並べることができます。

　以上に示したように無限集合論の体系は、カントールの素朴集合論であれその後に体系化されたいくつかの公理的集合論であれすべてが矛盾を抱えており、数学の体系としてはナンセンスなのです。カントール以来多くの数学者たちが手中に収めたと思い込んでいる実無限は、実は矛盾を抱えたただの幻、つまり実ならぬ虚無限に過ぎなかったわけです。数学の体系の整合性を保つ（つまり矛盾を紛れ込ませない）ためには、「無限集合論」のような実無限を棄てて可能無限の立場を堅持しなければなりません。そのために自然数のような無限のものを扱う時には、それを一まとまりのものとはせず、あくまでも可能無限の立場にたって帰納的推論法を用いなければならないのです。

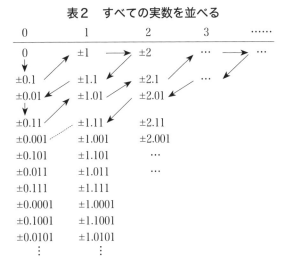

マラン・メルセンヌ（1588－1648）の名を冠したメルセンヌ数は2^n-1で表される自然数のことを言います。この数が重要なのはメルセンヌ数の中には素数が多く含まれているためであり、現在見つかっている巨大素数のほとんどがこのメルセンヌ素数であるのです。メルセンヌ数の中でも特に重要な意味を持つと思われるのは私が勝手に正統メルセンヌ数と名づけた数たちです。

まず$2^2-1=3$を1番目の正統メルセンヌ数と定義します。次に$2^3-1=7$を第2正統メルセンヌ数、さらに$2^7-1=127$を第3正統メルセンヌ数とします。以下同様に帰納的に定義し続けるのです。そうすると$2^{127}-1=170141183460469231731687303715884105727$が第4正統メルセンヌ数ということになり$2^{170141183460469231731687303715884105727}-1$が第5正統メルセンヌ数ということになります。これらの数がなぜ重要かというと第4番目までの正統メルセンヌ数がすべて素数であることがわかっているからです。正統メルセンヌ数は前記のように帰納的に定義されるため無限に存在しますが、もし命題「すべての正統メルセンヌ数は素数である」が証明されたならば人類は人類史上はじめて無限個の素数を手に入れることになります。しかし残念ながらこの命題は死後の世界の存在の問題に似て証明も反証も不可能な決定不能命題です。それどころか、もし第5正統メルセンヌ数が素数であることを示せたら、それは間違いなく人類が知り得た最大の素数ということになりますが、残念ながら第5正統メルセンヌ数の素数判定さえ、もはや物理的に不可能なのです。つまり人類は無限の性質どころか、第5正統メルセンヌ数の性質さえも知ることができないわけです。

パスカルの『パンセ』には無限と神に関する次のような文章が載っています。

われわれは無限の存在を知っているが、その性質は知らない。なぜなら、それはわれわれと同じに広がりを持っているが、われわれのように限界を持たないからである。しかしわれわれは、神の存在も性質も知らない、なぜなら、神には広がりも限界もないからである。

――

しかし信仰によって、われわれは神の存在を知り、天国の至福においてその性質を知るであろう。

ところで、私がすでに示したように、人はあるものの性質を知らないでも、その存在を知ることができるのである。

（前田陽一新訳／由木康改訳「パンセ」『世界の名著24　パスカル』）

4 絶対空間と絶対時間

アイザック・ニュートン（1643－1727）が著した『プリンキピア　自然哲学の数学的諸原理』には第1運動法則は次のように記載されています。

法則I　すべて物体は、その静止の状態を、あるいは直線上の一様な運動の状態を、外力によってその状態を変えられないかぎり、そのまま続ける。

投射体は、空気の抵抗によって遅らされず、重力によって下方へ押しやられないかぎり、その運動を続ける。各部分が凝集することによってそれら自体をたえず直線運動から引きもどしている独楽《こま》は、空気によって遅らされないかぎり、回転することをやめない。諸惑星や諸彗星といったいっそう大きな物体は、抵抗の僅少《きんしょう》な空間中においてそれらの前進運動も円運動もともにさらに長い時間継続する。

（河辺六男新訳「自然哲学の数学的諸原理」『世界の名著26　ニュートン』）

現在、この第1運動法則の第一段落だけが取り出されて「慣性の法則」と言い換えられ、さらには第1運動法則とこの慣性の法則が同一視されてしまっています。そしてその慣性の法則が成り立つ系として「慣性系」が定義され、その定義から「ある慣性系に対して等速直線運動する座標系も慣性系である」が導かれるとされています。さらにはそのような慣性系の実在を前提に「どのような慣性系においても同じ物理法則が成り立つ」という「相対性原理」が正しいとされ、その結果として絶対空間の存在が完全に否定されています。しかし重力という向心力やコマの各部分を直線運動からひきもどす力（これも向心力）が作用しているとき、特に向心力と遠心力が釣り合っている場合には、例えば月やコマの各部分にみられるように等速円運動を続けるわけです。これは角運動量保存則と呼ばれます。つまりニュートンは第1運動法則において狭義の運動量保存則としての慣性の法則ばかりでなく、広義の運動量保存則、つまり質量 m と（ベクトル量ではなく等速円運動という時のように）スカラー量としての速度 v の積 mv が保存量であることを示しているのです。そのうえ宇宙のどこにも重力という外力の作用から逃れられる場所はありませんので、結局、相対性原理が成り立つような慣性系は存在しないわけです。ニュートンの第1運動法則、つまり運動量保存則が成り立つためには、運動量がゼロの絶対静止空間、つまり絶対空間が存在しなければなりません。

ではその絶対空間は慣性系空間なのでしょうか？　絶対空間に対して静止している系を想定

することはできますが、前述のように重力作用から逃れられる系はありませんので絶対空間に対して静止している系は慣性系ではありません。では慣性系など存在しないのでしょうか？ そんなはずはないと多くの人は思うことでしょう。なぜなら、慣性の法則は正しい法則であると経験的に感じているからです。ではわれわれが経験する慣性系とはいったい何でしょうか？ 実はそれは自由落下系のことなのです。それはニュートン力学から説明できます。ニュートンの重力の法則つまり万有引力の法則は次のような式で表されます。

$$F=G\frac{Mm}{r^2}$$ （Gは万有引力定数、Mとmは物体の質量、rは物体間の距離）

運動量（mv）保存則におけるmは慣性質量と呼ばれ、前記の万有引力の法則におけるmは重力質量と呼ばれますが、ニュートン力学ではこの二者は全く同じであるとみなされます。これが等価原理と呼ばれる原理ですが、この原理によって自由落下系が近似的慣性系とみなせることになるのです。落下するエレベーターの内部や人工衛星の内部空間が近似的な無重力慣性系とみなせることがこの原理から導かれます。しかしある自由落下系に対して等速直線運動している系は自由落下系ではないので近似的慣性系ではありません。つまり「ある慣性系に対して等速直線運動する座標系も慣性系である」は成り立たないのです。結局、相対性原理が想定しているような慣性系は存在しないわけであり、したがって相対性原理は間違っています。エルンスト・マッハ（1838－1916）やアンリ・ポアンカレ（1854－1912）は「慣性の法則」に基づけば物体の絶対速度など決して検出し得ないはずであるから、そもそも絶対空間など存在しないのだと決めつけたわけですが、現在では宇宙マイクロ波背景放射（CMB）に対する静止座標系つまりCMB静止座標系として絶対空間が観測されています。アインシュタインの特殊相対性理論は完全に間違っており直ちに打ち捨てられるべき理論なのです。

R・P・ファインマン（1918－1988）の著書『物理法則はいかにして発見されたか』から引用します。

（前略）たくさんの粒子があるとして、その群からはるか遠方に点 x をとります。角運動量は、どの点のまわりの角運動量でも保存されるべきですから、点 x のまわりとしても当然に保存されます。いま x は遠方にありますので、どの粒子をとっても x からの距離はまあ同じとみてよろしい。のみならず、この距離は時間がたっても変わりません。したがって、角運動量の保存則、つまり動径の掃過する面積を問題にする上では、第21図（引用者注：図は省略）で申しまして、運動の上下方向の成分だけ考えればよいことになります。そうすると、各粒子の質量に上下方向の速度成分を掛けて寄せ集めたものが保存される——こういう結論が出てまいります。私どもは角運動量が保存されると仮定したので、角運動量の定義に従って点 x から各粒子までの動径も掛算して、それから寄せ集めをやるべきですけれど、この距離はいま一定でありますから、掛けても掛けなくても同じことなのです。このようにして、角運動量の保存則から運動量の保存則が導かれました。また別のことも出てくるのです。何かといえば、重心についての保存則であります。これは運動量の保存則にあまりにも密接に結びついておりますので、私は第14図の表（引用者注：表は省略）にのせる手間を省いてしまったものです。

「重心についての保存則」については後ほどまた言及します。さて絶対空間が存在することから必然的に絶対時間の存在が結論づけられます。この宇宙には決して切り分けることができない唯一の絶対空間が存在するのであって、相対性原理が想定するような慣性系など一つも存在しないのですから、時間も相対的なものではなく絶対的なものでなければなりません。絶対空間、つまり宇宙空間は膨張しつつあることが確かめられていますが、後にも触れますように、この宇宙膨張の方向に進む時間こそが唯一の時間、つまり絶対時間であり、相対性理論でいう慣性系や熱力学でいう孤立系のように宇宙の一部を取り出して、固有時間や時間の矢を論じること自体がナンセンスなのです。

5 理神論の限界について

デカルトは「我思う、ゆえに我あり」と述べて思考する主体を疑いえない存在とし、それを自らの思想の出発点に置きました。同時に彼はその思考する主体が五感を通じて客観的に感知しえる存在（つまり物質）を「延長されたもの」と名づけて思考する主体とは別の存在としました。そしてこの世界には思考する主体である自らの精神（つまり意識）と物質という二種類の存在があるとしたのです。これがデカルトの物心二元論です。デカルトが他者の心の存在を否定したわけではありませんが、彼が確実な存在として認めたのが思考する主体としての自らの精神と、客体として主体から切り離された物質のみであるために、これはまた主客二元論でもあるわけです。そしてこの物心二元論あるいは主客二元論という哲学的基盤の上に、「主体である精神が客体である物質世界を正しく知る方法」として自然哲学（自然科学）が発達しました。デカルトのように、この方法、つまり科学の方法によって世界が完全に理解できるはずだとする立場が、理神論の立場です。

科学の方法を詳しく見てみると、観測と論理がその柱となっていることが分かります。数学や論理学においては観測は必要ありませんが、自然科学においてはどんなに巧妙で矛盾のない科学理論であっても観測結果とあわなければたちどころに捨てられます。観測とは、観察や実験を通じて豊富なデータを得て新しい仮説や理論の構築に資することであり、さらにはその仮説や理論の正しさを客観的に検証することでもあります。前者においては帰納法と呼ばれる思考法が重要であり、仮説の検証においては演繹法（論理）という思考法も重要になります。近年、このような科学の方法にある種の限界があることが明らかになっています。そしてその限界の原因がどうやら科学の哲学的基盤である二元論そのものにあるようなのです。この限界が主客二元論に起因するものであるために、主客問題（のパラドックス）と呼ばれます。自然科学の領域においてはこの主客問題はおもに観測問題として現れます。二元論哲学では、主体と客体の間にはっきりと線を引けること、すなわち主客の分離可能性が前提になります。つまり主体とは独立に客体が存在するという仮定、すなわち客観的実在の仮定を置くわけです。「科学とは客観的実在の仮定のもとに主体がその客観的実在であるところの客体を観測して、論理の枠組みの中にそれを捉えようとする営為である」ということができます。そして客観的実在の仮定つまり主客分離可能性が成り立つ限りにおいて、科学の方法は有効であり、結果として客体を操作する強大な力を与えてくれます。しかしこの客観的実在の仮定は自明のことではなく、実際には特別の場合に限って近似的に想定しえるに過ぎません。このことは観測する主体無くして観測は行われず、また主客の相互作用がなければ観測が成立しないことを考えれば明らかです。さらに主体つまり観測者自身が観測対象に含まれる時には、この近似が成立しえないばかりでなく、論理においても自己言及のパラドックスという罠《わな》に嵌《はま》ってしまうことになります。

科学における観測問題の存在が最初に明らかになったのは20世紀前半のことでした。それは量子力学という当時確立しつつあった新しい分野で起こりましたので、量子力学の問題とも呼ばれます。量子の世界では素朴な形での客観的実在の仮定は成り立ちません。古典力学においては観測を工夫すれば物質の運動量と位置を同時に正確に知ることができますが、量子の世界では運動量を正確に測ろうとすれば観測によって位置に撹乱が起き、位置を正確に測ろうとすれば観測によって運動量に撹乱が起きるために運動量と位置を同時に正確に決めることができません。このことをハイゼンベルクは「不確定性原理」として定式化しました。別の言い方をすれば量子とは正確な運動量と位置とをあわせ持つ存在であるとはいえないということです。従って個々の量子の未来の位置を確率的にしか予想することができず、量子の世界では厳密な意味での決定論的世界観は成り立ちません。また量子は波動と粒子という異なる性質をあわせ持った存在であり、このことは量子の二重性といわれます。そしてこの二つの性質が同時に観察されることは決してなく、どちらの性質が観測されるかは観測者の意図によることが示されました。

量子力学において客観的実在の仮定が厳密には成り立たないという事実が多くの物理学者に衝撃を与え、それゆえに量子力学を不完全なものとして受け入れを拒否する物理学者も多かったのでした。一方ニールス・ボーア（１８８５－１９６２）やヴェルナー・ハイゼンベルク（１９０１－１９７６）は数学的にうまく表現されていてそれが実際の観測結果とよく一致しているならば、それは正しい理論であるという立場であり、観測という行為についての緻密な考察から得られた不確定性原理によって客観的実在の仮定が制限されるのならばそれを受け入れるべきだという考え方でした。ボーアはハイゼンベルクと同様に量子力学を推進する立場にありましたが、より深く哲学的考察に立ち入って検討を加え、ついに「相補性原理」を提唱するに至ります。不確定性原理や相補性原理によって量子力学の奇妙さを説明する立場は、ボーア研究所がコペンハーゲンにあったのでコペンハーゲン解釈と呼ばれます。ボーアの相補性原理とは、我々が知りたいと思っている一つの対象が互いに相補的な性質を持っていて、その性質の一方を知ってしまうと、もう一方の性質については正確な知識が得られなくなってしまうという主張です。コインの裏と表を同時に直接見ることができないように、量子の観測には限界がともなうことを相補性原理として受け入れるべきだと主張したのです。このことを、二元論から出発した知である科学は、実在を二元的にしか記述できないと言いかえることもできます。しかし量子論やコペンハーゲン解釈を受け入れることは、観測者から独立した客観的実在の仮定を放棄し、また決定論的で機械論的な理神論の世界観を捨てることになるので、アルバート・アインシュタイン（1879－1955）はその受け入れを拒否し、不確定性原理を破る思考実験を考案してボーアに突きつけました。でもそれはボーアによってみごとに論駁されてしまいます。しかしアインシュタインがポドルスキー、ローゼンと連名で発表した「EPRのパラドックス」と呼ばれる思考実験による量子論批判に対しては、ボーアも十分に説得力のある反論を案出することはできませんでした。ところがその後ジョン・S・ベル（1928－1990）が発表した「ベルの不等式」によってEPRのパラドックスの実験的検証への道が開かれました。そしていくつもの検証実験が実施されましたが、それらの結果はいずれも量子論の正しさを示唆するものであったのです。現在では、観測者から独立した客観的世界の存在をあくまでも主張する科学者はごく少数となっています。つまり観測者から独立した客観的世界の存在は、ほぼ完全に否定されているのです。このことは理神論の世界観がすでにその根底から覆ってしまっていることを意味しています。

6 生命と進化、そして意識

アリストテレス（BC394—BC322）は生命現象には物質以外の何かが働いているという生気論（vitalism：バイタリズム）を主張し、また昆虫やダニ、エビやウナギといった動物は無生物から自然に発生するという自然発生説を唱えました。18世紀のフランスに生まれたジャン=バティスタ・ラマルク（1744—1829）もまた生物は物質から自然発生によって生じると考えました。さらに彼は19世紀はじめに自著『動物哲学』で進化の考えを発表しています。ラマルクの進化論は用不用説と獲得形質の遺伝説が二つの柱となっていますが、彼は「進化とは一定の方向を持つ必然的で目的論的なプロセスである」と考えたのです。17世紀以後に生命の自然発生説を否定する実験がいくつかなされていますが、一番有名なものは1864年のルイ・パスツール（1822—1895）による白鳥の首フラスコを用いた実験でした。これによって生物の自然発生説は完全に否定されました。しかし今度は生命の起源に関する科学的論争が始まることになります。進化論に関しては1858年にチャールズ・ダーウィン（1809—1882）がアルフレッド・ラッセル・ウォレス（1823—1913）

とともに自然淘汰による進化説すなわち自然選択説を発表しました。ダーウィンはラマルクと違って「進化とは特定の方向性がない偶然の変異によって起こる機械論的なプロセスだ」と考えたのです。

ダーウィニズムが主流となって以降、生命現象や生物進化についても生気論や目的論を持ち込まなくても機械論と因果律ですべて説明できるとする物理主義（理神論）が幅を利かせるようになりますが、実は生物学の分野から生気論や目的論を完全になくせるわけではありません。物理学者のボーアの父親クリスチャン・ボーアは生理学者でしたが、彼は生物の研究に付きまとう観測問題に気づいており、唯物論的機械論が信じられていた20世紀初頭当時の学問的雰囲気の中にあってあえて目的論的観点の重要性を主張したのでした。後に量子力学が観測問題に直面したとき、ボーアはこの父親の考えを引き継ぐ形で、つまり機械論と目的論という二つの観点が決して相反したものではなく互いに相補的なものであるというメッセージを込めて、あの相補性原理を提唱したのでした。また生物進化のプロセスについても、特定の方向性のない偶然の変異と自然淘汰だけで四十数億年という短い間に原始生物からわれわれを含む現在のすべての種が進化することは確率論的にほとんどありえません。さらにいえば、宇宙誕生からわずか１００億年足らずの間にこの宇宙に生命が偶然に出現することは、さらにありえないことです。もうひとつの不思議は意識の発生であり、機械論だけでは意識の発生を説明することはおろか意識を定義することすらできません。

　生命の起源や生物の進化、そして意識の発生といった問題は我々人間自身が巻き込まれた問題であるため、全体論的（ホリスティック）な問題であるわけです。こういった問題を論じる時には厳密には客観的立場を貫くことができないために必ず主客問題に直面することになります。そのために例えば進化を説明するのにはダーウィニズムとラマルキズムの両論併記を行うか、今西錦司（１９０２－１９９２）のように最初から全体論（ホーリズム）の立場を明らかにすることが必要になるわけです。生命の起源についても機械論的に説明しきることは不可能なのです。

　ダーウィンは「より有利な変異を持つ個体が（生存競争に勝って）より多くの子孫を残す」として自然選択（自然淘汰）による進化を主張しました。ダーウィンのこの同語反復的な主張を社会学者のハーバート・スペンサーが「適者生存の原理」による進化と言い換えました。この適者生存の原理にも「適者が生存する」という主張と「生存するものが適者である」という主張が同時に含まれていて、結果的に循環論に陥ってしまっている点に注目する必要がありま す。今西錦司は「種は変わるべき時がきたらパッと変わる」と述べて、進化のプロセスは機械論的には説明しきれない全体論的プロセスであると主張しました。今西はダーウィニズムを全否定したわけではなく、自然選択だけで進化のプロセスをすべて説明するには無理があると考えたのです。生物に生存競争をするという側面があるとしても、生物にはまた「棲み分け」をするという事実もあると主張しました。また生物の進化には漸進的変化の積み重ねで説明できる小進化だけではなく、急に大きく変化する大進化も起こったことが化石の研究などから明らかになっていますが、この大進化を自然選択説だけで説明することは困難だと考えたのです。さらにダーウィンは進化の方向は定まっておらず全く偶然に起こるとしましたが、例えば目の進化のように一定の方向に進化をしたとしか考えられないケースが少なからず存在することから、今西はこの点においてラマルキズムや、ラマルキズムを受け継ぐネオ・ラマルキズムの一つである定向進化説を評価しています。

「ウィキペディア」によれば、インテリジェント・デザイン（知的設計論）とは、サムシング・グレート（偉大なる知性）によって生命や宇宙の精妙なシステムが設計されたとする説で、しばしばＩＤ（アイディー）と略されるそうです。創造論やそれを科学だと主張する創造科学が進化の過程そのものを認めず『旧約聖書』の創世記どおりの神による直接の創造を主張するのと異なり、ＩＤ論は進化の過程は認めながら、ただそれが単なる偶然だけで起こるのではなくサムシング・グレートの操作によるものだと考えるわけです。大方の自然科学者たちからは、このＩＤ論はしばしばわざと創造論と混同されるかたちで批判、非難されることが多いようです。ところが全体論や汎神論の立場からすれば、サムシング・グレートとはまさに宇宙意識あるいは汎神論的神に他ならず、そのサムシング・グレートによって生命の起源、進化、意識の発生が企図《デザイン》されているとするＩＤ論は正しいということになります。創造論が創造主と被造物とを明確に区別する有神論であるのに対して、ＩＤ論は全体論つまり汎神論なのですから全く別物であるわけです。理神論者がダーウィニズムに固執してＩＤ論を激しく攻撃するのは理神論の崩壊を阻止せんがためです。サムシング・グレートすなわち宇宙意識あるいは神については、その存在が科学的に証明できるわけではないのでその存在を疑う向きもあるでしょうが、そもそも私たち自身の心（意識）の存在も科学的に証明できるものではありません。ただ「我思う、ゆえに我あり」というデカルトの言葉どおり自分自身の意識の存在を多くの人が確信しているだけです。でも他人の意識の存否を科学的に示すことはとても難しいのです。脳死判定が困難なのもそのためです。さらに動物には意識があるのか、植物にはどうかという問題にも科学は答えられません。人にだけ意識があると仮定することと、すべての存在に意識があり、さらにはこの宇宙そのものが大いなる意識体であると仮定することと、どちらが正しいのかを科学的に決めることはできないのです。

先にも述べたように、現在では「生命は生命からしか生まれない」とされています。つまり生命自然発生説は否定されて、無生物から生物は生じないと考えられているわけです。そうすると宇宙誕生時から生命はあったということなのでしょうか。現代科学では、この地球上に生命が誕生したのはこの宇宙が始まってから約95億年後であると推定されています。またもし地球外生命体が存在するとしても、やはりそれも宇宙誕生時から存在したはずはないと考えられています。そうすると原初の生命は無生物から生じたことになります。生命の起源についてはさまざまな仮説が提唱されていますが、多くの科学者は40億年ほど前の地球環境がたまたま生命発生に適していたのでこの地球上に偶然生命が生じたのだとする説に基本的に同意しているようです。しかし当時の地球環境がたまたま生命発生に適する条件を有していたとしても、実際そこに自己増殖能を持った生命体が偶然に発生する確率はほぼゼロであろうことは、熱力学の第二法則（エントロピー増大の法則）によらずとも明らかです。さらにはより複雑な種の出現をみる種の進化の過程もエントロピー増大則に反しており、これを偶然だけで説明することは到底できません。ダーウィニストたちは「事前確率がいかに小さくても実際に起きたのだから事後確率は1だろう、文句あるか？」と開き直っているようです。しかし現代生物統計学においても、極めてまれな事象がたて続けに起こったときには偶然以外の何らかの要因が働いたとみなすことになっており、生命の起源や進化を偶然だけで説明できるとすることは、この理念からも大きく逸脱した非科学的態度であると言わざるをえません。

ダーウィンのように生物個体が生存競争をするとすることや、ドーキンスのように遺伝子が利己的に振る舞うとすること、あるいは生物は恒常性を保とうとするものだというホメオスタシスの原理を仮定することなどは、すべて隠れた生気論ないしは目的論であるともいえます。つまり生命や進化は機械論だけでは説明しきれないのです。まさにこのことにいち早く気づいたのがクリスチャン・ボーアであったわけです。またドイツの生理学者ハンス・ドリーシュ（1867－1941）も生命現象のもつ全体性に気づき、自著『有機体の哲学（*Philosophie des Organischen*）』（1909年）において、生物には「エンテレヒー」という無生物にはない生命独自の性質が備わっていると主張しました。しかし当時の科学界では機械論が多数派でありドリーシュのこの「新生気論」は徹底的に批判されました。現在でもほとんどの科学者が、生命現象や進化のプロセスも、そのうちに機械論的に説明しつくせるであろうと信じているようです。しかしわれわれ人にとって生命現象や進化などは、自分自身が巻き込まれた（つまり全体論的な）事象であるために必ず主客問題に直面することになります。そのことに気づいて、クリスチャン・ボーアは目的論的観点の重要性を強調しましたし、ドリーシュは「目的（テロス）を自分の中に含んだもの」という意味のギリシア語エンテレケイアからとった「エンテレヒー」なる概念を持ち出したのです。ダーウィンの進化論やドーキンスの利己的遺伝子論の信奉者たちは、自然選択説によって生気論や目的論は否定されて機械論が勝利したと思い込んでいるようですが、決してそうではありません。なぜなら自然選択説の主張の中にも循環論という形で目的論的主張が隠されているわけですから。全体論の立場ではダーウィニズムを否定しませんが、同時に生気論や目的論も擁護することになります。

そもそも心（意識）は実在すると言えるのでしょうか。デカルトは「我思う、ゆえに我あり」と述べて自らの心の存在を主張したものの、他者の心の存否については何も主張していません。つまり心は主体的存在であるとは言えても、客観的に観測できるものではないために客観的実在であるとは言えないのです。客観的実在ではなく観察ができないわけですから、心は科学的研究の対象にはなりにくいのです。また集合的無意識や宇宙意識も在ったとしても客観的実在ではないために科学の対象にはなりません。では人の脳はどうでしょうか。脳はＣＴ、ＭＲＩ、ＰＥＴなどを用いることにより、あるいは開頭手術をすることによって間接ないし直接に観察することができますし、死後であれば解剖によってより詳しく観察することもできますので、客観的実在であると言えます。従って脳は科学的研究の対象になります。多くの科学者は、「心は脳の働きによって生じる」との立場から、脳の生理学が発達することによって心の科学的解明も可能になると考えているようです。優れた脳神経科学者であったワイルダー・ペンフィールド（１８９１－１９７６）やジョン・Ｃ・エックルス（１９０３－１９９７）も、当初脳の働きを生理学的に調べることによって人間の心が解明できると考えていましたが、二人とも晩年にその考え方を変えました。つまり「いくら詳しく脳を調べてみても心の解明には至らない」という結論に達したのです。「心は脳という物質の産物である」とする唯物論的立場を仮定するならば、では「脳が脳自身を知るとはどういうことか？」とか「脳が脳自身を理解できるのか？」といった自己言及的命題に直面しますが、これこそが心の問題を物理主義で解こうとするときに現れる主客問題パラドックスなのです。このパラドックスに直面して二人は唯物論的立場から心と脳とは別であるとするデカルトの二元論の立場にいったん立ち戻ったのです。

「脳の働きが心を生み出す」という考え方には他にもいくつか問題があります。まず心が脳だけに局在することを示す科学的証拠がありません。何しろ心は客観的観察ができないわけですから。したがって心は身体全体に宿っていると仮定することも可能ですし、脳は心（あるいは魂）の受信装置に過ぎないのではないかと考えることも可能なのです。ドーキンスが生物個体は遺伝子の乗り物に過ぎないと考えたように、生物個体は「エンテレヒー」のような「生気」の乗り物であると考えることもできます。さらには、人においてはその「生気」が「心」や「魂」と呼ばれるのであると考えることも可能なのです。実はここに挙げた可能性の中で最もありえないのが、「意識的活動（つまり心）は脳の産物である」とする（唯物論の一種である）唯脳論の立場です。なぜかといえば脳という物質の実在性を確保しているのはその脳を観察する意識（心）に他ならないからです。唯脳論では「脳がなければ心はない」としますが、この主張と「意識を持った観察者がいなければこの宇宙は存在しない」という人間原理から導かれる「心がなければ脳もない」という命題との間に整合性を持たせることは困難です。全体論では人の心とは宇宙意識の反映であると考えるので、あえていえば肉体は宇宙意識の受信機であるという考えや、人体は宇宙意識の一部であるところの個的意識の乗り物であるとする考えに近いかもしれません。ともかく全体論では人という存在は物体であると同時に生命体であり、なおかつ意識体でもあるとみなします。

7 「エントロピー」のまぼろし

現在では、原因というとアリストテレスが示した四つの原因のうちの作用因（動力因）のみをさすのが普通です。そして、いかなる事象も必ず時間的に過去に起こった事を原因として起こるとして、因果的連関のみが意味のある連関であるとする立場、つまり「原因なくして結果なし」といった思想が因果律の立場であり大方の科学者はこの立場に立っています。それに対して目的因によって事象を説明しようとすることは目的論的説明と呼ばれ、これは真の科学的説明ではないとみなされます。それは、この説明では誰かの意志や意図の存在が前提となるために機械論的決定論の立場が崩れてしまうからです。アインシュタインが固執した「局所的因果性の原理」とは、光速より速い情報の伝達はないとする相対性原理の立場から見た因果性のことであり、二つの物体が離れていて光速による通信でも、ある一定時間を要するとき、その一定時間内にはその二物体は連関を持ち得ない、つまり分離して考えることができるとする原理であり、単に因果律とも呼ばれます。19世紀以後の科学者のほとんどが「世界で起きるすべての事象は因果律によって機械論的に説明し得る」という理神論を信じてきました。ところが近代科学の礎となったニュートン力学を構築したニュートンその人は、理神論者ではなく、絶対空間と神の存在を確信する汎神論者でした。実際、大数学者のレオンハルト・オイラー（1707－1783）も認めたように絶対空間を前提にしないとニュートン力学は成り立たないのです。さらにニュートン力学においては瞬時に伝わる遠隔作用としての万有引力（つまり重力）を前提にしており、その前提をおいた時点で因果律の縛り、つまり局所的因果性の原理は放棄されているのです。ところが現在では相対性原理によって絶対空間が否定され、また一般相対性理論からひねり出された重力波によって遠隔作用としての万有引力が否定されたことになっています。しかし実際には相対性原理は間違っていますし、重力波も存在してはいません。つまり局所的因果性の原理は完全に破たんしているのです。その証拠は遠隔作用としてはたらく重力とは別に、量子力学の分野でも「量子もつれ」という現象として見つかっています。つまり宇宙の全存在はすべてつながっており、切り離すことのできない総体であるわけです。その総体をわれわれは宇宙（宇宙意識、宇宙意志）、（汎神論の）神、仏、大自然、サムシング・グレートあるいはブラフマンなどと呼んできたわけです。

宇宙が切り分けることのできない総体である、ということは、科学において厳密には孤立系や閉鎖系の仮定を置くことはできないということであり、独立事象や確率事象の仮定も近似的にしか置けないことになります。統計熱力学は孤立系の仮定を置き、さらに系内のすべての事象の独立の仮定を置いて「大数《たいすう》の法則」をあてはめますが、それらの仮定が妥当であるという保証など全くありません。熱力学第二法則つまりエントロピー増大の法則も、絶対の真理であるとは言えません。とくに宇宙全体を考える時、加速膨張しているとされる宇宙を孤立系や閉鎖系とみなすことはできません。孤立系には重心がありますが宇宙には重心はないからです。また宇宙で起きるすべての事象は互いに連関しており独立事象など一つも存在しません。つまり宇宙には慣性の法則が厳密に成り立つ系は存在せず、したがって相対性原理が成り立たないのと同様、宇宙には厳密な確率事象は存在せず、したがって統計熱力学が厳密に成り立つような孤立系など存在しないのです。

松田、二間瀬両氏による『時間の逆流する世界』にエントロピー増大則と時間の矢の関係について詳しく書かれていますので、紹介しつつ考察を加えておきます。

定常宇宙論の提唱者のひとりとして名高い英国のゴールド（現在はコーネル大学）は、一九六〇年代の初めに時間の矢に関して非常にユニークな説を提案した。それがこの節の表題にある時間対称宇宙である。かれは宇宙の収縮期にはエントロピーは減少し、宇宙の終りには宇宙の初めと同じ値にもどる、だから収縮期には時間は逆向きに流れると主張した。もしそうだとすると収縮期に住んでいる人間がいたとすると、かれの意識の矢もわれわれのものとは逆の方向を向くはずである。するとかれは収縮している宇宙を逆に膨張宇宙と認識するし、われわれが宇宙の終りとよんでいるものを宇宙の初めとよぶであろう。ゴールドの説では宇宙論的時間の矢（宇宙が膨張していく方向）と熱力学的時間の矢の方向は常に一致する。かれの考えでは膨張宇宙のみが存在することになる。

（中略）

以前説明したボルツマン（引用者注：１８４４－１９０６）の宇宙モデルも、ある意味ではにたようなものだ。その話をもういちど繰り返すと、ボルツマンの考えるような静的な宇宙でのエントロピーの時間変化は図27（引用者注：図は省略）に示したようなものである。宇宙はきわめて長時間、たとえば$10^{10^{80}}$年の間エントロピーが最大の状態、つまり熱平衡状態にある。この状態を熱的死の状態とよぶ。そしてときおりゆらぎのせいで宇宙のエントロピーは低くなる。この期間は熱的死の時間にくらべれば十分短いが、生物が進化するには十分に長い（たとえば10^{10}年）とする。そのボルツマンの宇宙に人間がいるとすれば、エントロピーが増大する方向を未来と認識するであろう。なぜなら人間の意識の矢もしょせんは物理的なプロセスで決定されるのであろうから熱力学的矢と同じ方向をむくであろう。

（中略）

さてボルツマンの宇宙にあっては、低エントロピーはきわめてまれにしかおこらない。それではどうして現在がそのまれな時間帯にあたっているのだろうか。それは低エントロピー状態でなければ人間は存在できないからだ。人間が存在できない世界は認識できないので、非常にまれな状態である低エントロピー状態のみが認識されるのだという。これはあとでもふれる人間原理とよぶ思想である。しかし現在の宇宙論はボルツマンの考えたような宇宙を支持しない。宇宙は有限の過去に始まったという。その過去はたった一五〇億年前なのである。ボルツマンは膨張しない宇宙を考えていたので現在の観測とはあいいれない。

まず、ゴールドの時間対称宇宙モデルはとても興味深いものです。このモデルにおいては時間の矢は宇宙論的時間の矢（宇宙膨張の方向）が決めるのであり熱力学的時間の矢が決めるのではないとされています。つまり宇宙論的時間（実はこれが絶対時間）の存在を前提としているのです。またこのモデルとアンドレイ・サハロフ（１９２１－１９８９）の双子の宇宙モデルを組み合わせると、トーラス宇宙モデルがえられます。トーラスとはドーナツ状の形態を言いますが、このトーラス宇宙モデルにおいては不確定性原理のためにそのドーナツの穴が空いているのか空いていないのか決めることができないのです。さて、このゴールドの時間対称宇宙モデルはボルツマンの宇宙モデルと「ある意味では似たようなものだ」とされていますが、これは完全に間違っています。その間違いのもとはゴールドの時間対称モデルに対する著者の誤解にあるようです。なぜそう言えるのかといえば同書において次のような記述が続いているからです。

（前略）たとえば簡単なモデルで思考実験をしてみよう。真ん中に仕切りをいれた箱を考え、その片側には空気をつめ、もう片側は真空とする。いまある時刻に仕切りを開けると、空気はさっと真空の部屋を満たし、それからはそのままの状態が続く。つまり初めの状態のエントロピーは低く、後の状態は熱平衡状態である。もっとも、十分に長い時間待てば（千京年？）ゆらぎのため空気が再び片側の部屋に集まることもあろう（これはさきにのべたボルツマン的宇宙モデルである）。しかしそんなに長い時間を考えなければ、空気の運動は時間的に非対称的である。

ゴールド－ホーキングの時間対称宇宙モデルとは、いってみれば片側の部屋から空気が広がって箱全体を満たし、そしてかなり短い時間の後にまたもとの片側に空気の分子が集中してしまうようなものだ（図28〈引用者注：図は省略〉）。この場合、エントロピーはいったん増加したのちまた減少することになる。こんな出来事は物理的には不可能でないとしても、それが起きる確率はきわめて低い。（中略）さて、初期条件としては原子が箱の片側に一様に分布しているとしよう。原子の速度については、それがもっともありそうなマックスウェル（引用者注：ジェームズ・クラーク・マクスウェル〈１８３１－１８７９〉）分布をしているとするのが妥当であろう。そうして原子の以後の運動を計算してみる（粒子の数が少なければ、コンピューターでシミュレーションすることもできる）。すると原子は時間がたつと箱全体にひろがってしまうだろう。それがふたたび箱の片側にあつまるとしても、おそるべき長時間が経過した後であろう……。これが常識的な物理学者の反応である。

まず、先の引用にあったような、宇宙が熱平衡状態に達したらその状態を熱的死の状態と呼ぶなどといった議論はまったくのナンセンスです。孤立系（あるいは閉鎖系）とみなすことができず重心も持たない宇宙が熱平衡に達することなど決してありません。孤立系においては非平衡状態が動的状態であり平衡状態がマクロ的に静的状態であるのは確かですが、平衡状態がすなわち無秩序状態というわけではありません。間仕切りで仕切られた部屋の片側の空間の空気を温めてから間仕切りを取り払っても部屋の温度は均一にはなりません。つまり冷たい空気は床側に、温かい空気は天井側に移動するのです。空気の移動が終わると、つまり平衡に達すると部屋の空気の重心が定まります。それ以後はニュートンの第1運動法則つまり運動量保存則が厳格に守られ、重心の移動は決して起きません。つまり冷たい空気と温かい空気が部屋の左右にひとりでに分離することは永久にないのです。また気密室の中の空気が勝手に部屋の片側によって反対側が真空になることなどないことはパスカルの原理からも明らかでしょう。そんな決して起きないことが、「物理的には不可能ではないとしても、それが起きる確率は極めて低い」などと確率の問題として説明されているのは、前提としている物理法則が間違っているからです。間違いのもとは統計熱力学が気密室中の気体分子が各々統計学的に独立な粒子であると仮定しているところにあります。実際には、前述のように、孤立系が熱力学的平衡に到達すると運動量保存則によって系の重心が固定され、統計学的に独立な粒子の仮定はもはや完全に成り立たなくなってしまうのです。さて『時間の逆流する世界』からもう少し引用しておきます。

歴史的時間の矢の存在は、熱力学第二法則に矛盾しているようにみえる。系がどんどん熱平衡からずれていくということは、エントロピーが減っていくということだからである。しかし生物や社会は孤立系ではないから、第二法則をそのままあてはめることはできない。生物や社会を含むもっと大きな孤立系とみなしてもよい系に対しては、第二法則に矛盾することなく、全体のエントロピーは増えていく。つまり宇宙全体のエントロピーは増大しながらも、地球や生物、社会のような部分系ではエントロピーの減少つまり進化がおこるのである。（中略）地球とその上にある生命圏は、物質的には閉じた系であるが、エネルギー的、エントロピー的にはけっして孤立系ではない。だからそれにたいしては、熱力学第二法則を単純に適用するのは誤りである。

（中略）

宇宙膨張により、反応が次から次へと落ちこぼれていき、熱平衡状態からのずれはどんどん大きくなっていく。熱平衡状態からのずれを情報量とよび、進化の目やすとしたことを思い出せば、宇宙論的時間の矢（膨張の方向）から歴史的時間の矢が導かれることがわかる。生物や社会の場合、さらに孤立系ではなく、外界、太陽から低エントロピーのエネルギーを取り入れ、宇宙空間に高エントロピーの熱エネルギーを捨てることにより、自分の情報量を殖やすことができる。必要な低エントロピー源は宇宙初期の落ちこぼれ現象により、ふんだんに用意されているし、熱の捨て場所である宇宙空間は三度Kと温度が低く、しかも膨張によりどんどん大きくなっていく。したがって生物や社会の進化は熱力学第二法則に矛盾することなく、まだまだ可能であろう。

今回の引用で注目いただきたい一つ目のポイントは「生物や社会は孤立系ではない」と「地球とその上にある生命圏は、物質的には閉じた系であるが、エネルギー的、エントロピー的にはけっして孤立系ではない」の部分です。つまり孤立系ではない生物や社会には、そもそも熱力学第二法則を適用できないだけであり、生物の進化と熱力学第二法則が矛盾しているわけではないとしているところです。そして二つ目のポイントは「宇宙全体のエントロピーは増大し」としながら「宇宙膨張により、反応が次から次へと落ちこぼれていき、熱平衡状態からのずれはどんどん大きくなっていく」と述べているところです。つまり膨張宇宙全体のエントロピーについて矛盾した記述があるのです。なぜなら「熱平衡状態からのずれが大きくなる」とはエントロピーの減少を意味するからです。

熱力学第二法則では孤立系は熱平衡状態に向かう確率が圧倒的に高く、熱平衡状態に達すると系の情報量は最小になるとされていますが、これは間違いです。情報量の計算がおかしいのです。熱平衡状態では系の各部分が平衡に達する前には持たなかった情報を持つようになります。それは系の重心がどこにあるのかというような系の運動量に関わる情報です。系のどの部分も独立ではなく系全体の運動量保存則と角運動量保存則に反する運動はできません。つまり系の各部分を互いに独立した事象とみなすことはできないのです。エントロピーのような曖昧な概念を用いずとも、「孤立系が非平衡状態にあるとき系は平衡状態に向かい、平衡に達するとその状態は保存される」とするだけで十分でしょう。つまり平衡状態というのは系の重心および運動量が定まった情報量に富んだ状態なのです。

孤立系の仮定にともなう困難は重力の影響が排除できないこと以外にもまだあります。例えば孤立系は周囲の温度や圧力の影響を完全に遮断する隔壁で囲まれた閉鎖空間でなければなりませんが、そのような孤立系は実際には存在していません。思考実験においては仮定できるとの反論があるかもしれませんが、こんどはその隔壁と系との相互作用を無視することができないという問題に直面します。結局エントロピーという概念は情報理論においては有用であるかもしれませんが、熱力学においてはまったく無意味な概念なのです。

次に米国の文明批評家、ジェレミー・リフキンの『エントロピーの法則』からも引用してみます。

（前略）ニュートンの理論体系にしてもアインシュタインの「相対性理論」にしても、現在では絶対的な真理と認められているわけではない。これらの理論に反する現象が発見されない間は、とりあえず仮の真実と認めましょう、ということにすぎない。これを「暫定《ざんてい》真理」と呼ぶが、これまで人間が発明、発見、開発してきたすべての理論や法則は、この「暫定真理」に属すると言ってよい。たとえばニュートン力学にしても、全宇宙の根本法則のように長年信じられてきたが、アインシュタインの出現により、「相対性理論」の特殊ケースを説明する理論であることが明らかになっており、また、このアインシュタインの理論にしても、それを超える法則の存在する可能性が、現在すでに予測されているのである。

だが、ここに一つだけ例外がある。それが、この「エントロピーの法則」を含む「熱力学の法則」である。(中略)

そして、熱力学の第二法則、つまり「エントロピーの法則」は、次のように表わされている。

「物質とエネルギーは一つの方向のみに、すなわち使用可能なものから使用不可能なものへ、あるいは利用可能なものから利用不可能なものへ、あるいはまた、秩序化されたものから、無秩序化されたものへと変化する」

要するに「第二の法則」は、宇宙のすべては体系と価値から始まり、絶えず混沌と荒廃に向かう、と説明することができる。エントロピーとは一種の測定法で、それによって利用可能なエネルギーが利用不可能な形態に変換していく度合いを測《はか》ることができるものである。また、「エントロピーの法則」によると、地球もしくは宇宙のどこかで、秩序らしきものが創成される場合、周辺環境には、いっそう大きな無秩序が生じるとされている。（中略）

つまり、「エントロピーの法則」は、〝歴史は進歩する〟というこれまでの概念を根底から打ち砕くものであり、さらにまた、科学とテクノロジーによって、もっと秩序立った世界が創成されるとする〝現代の神話〟をも打ち破ってしまう力を持っている。（後略）

この本が書かれたのは今から35年前の1980年であり、またリフキンは専門の自然科学者ではありませんが、以上のリフキンの認識は現代自然科学界における一般認識から大きく逸脱したものではありません。つまり現在も、ニュートン力学は相対性理論の近似理論以上のものではなく、またその相対性理論さえも今のところ暫定真理にとどまっているとみなされています。そしてエントロピー増大の法則こそが根源的法則であるというわけです。同書よりの引用をさらに続けます。

さて、エントロピーという言葉を考え出したのは、ルドルフ・クラウジウス（一八二二〜八八。ドイツの物理学者）であるが、クラウジウスは、〝閉ざされた系〟（外部に広がっていかない反応システム）のなかでは、エネルギー・レベルに違いがあれば、常に平衡状態へ向かう傾向《へいこう》があるということを発見した。

（中略）

平衡状態とは、エントロピーが最大になったときの状態で、そこには別の仕事を行なうのに使用できる自由なエネルギーは、もはや存在しない。クラウジウスは「世界において、エントロピー（使用不可能なエネルギーの量）は常に最大へと向かう傾向がある」と結論して、熱力学の第二法則を定式化したのである。

（中略）

ここで繰り返し強調したいのは、この地球上では絶えず物質的エントロピーは増大し、最後には極大に達するという点である。それは、地球が宇宙との関連において、〝閉ざされた系〟だからである。言い換えると、地球が宇宙空間と交換しうるのは、エネルギーだけであって、物質ではないということである。時たま地球に落下してくる隕石《いんせき》や宇宙塵《うちゅうじん》を除いて、私たちの住む地球は〝閉ざされた宇宙の小系〟のままにとどまっている。

熱力学第二法則の正しい表現は、先にも述べたように、エントロピー増大則などではなく、「孤立系（あるいは閉鎖系）は常に平衡状態へと向かい、一旦平衡に達すると以後その状態を保持する」というもので、いわば「平衡状態保存則」なのです。そしてこの熱力学の法則は基本的にニュートンの第1運動法則つまり運動量保存則から導かれます。そもそもこの宇宙に孤立系は存在せず、仮に孤立系を仮定したとしても、その孤立系が外部からの仕事なしに非平衡状態になることはないのですから、非平衡の孤立系という仮定自体が矛盾しておりナンセンスなのです。地球に限らず宇宙の中に〝閉ざされた系〟など一つもありません。特に地球は自転と公転をしており地軸の傾きもあって昼夜や四季のサイクルを持っています。また月や太陽から受ける潮汐力による潮の干満もあれば、マグマの活動もあって今後何十億年もの間平衡状態に落ち着く気配などまったくありません。これらの大自然の周期的あるいは非周期的な変化こそが進化を推し進める力の源なのです。

8 「ニューサイエンス」衰退の理由《わけ》

1980年代に日本でも盛んに取りざたされ、また多くの関連本が出版されて話題となった「ニューサイエンス」のムーブメントがありました。今では〝ニューサイエンス〟という言葉にもとんとお目にかからなくなってしまいました。それは何故なのでしょうか？ 1986年に日本で出版されたすぐれた「ニューサイエンス」の入門書である『パラダイム・ブック』の新版である『【新版】パラダイム・ブック』からの引用によってその理由を探ってみましょう。まず同書の「プロローグ」から引用します。

「ニューサイエンス」、「ニュー・エイジ・サイエンス」が、日本で話題になりはじめたのは、一九七九年にフリッチョフ・カプラの『タオ自然学』が翻訳・出版された時期にほぼ一致する。以後、この傾向の出版物があいつぎ、一般の関心も急激に高まった。「ニューサイエンス」なる言葉自体は、当初、日本で生み出されたものだが、この言葉に象徴される明確な傾向が、世界的に存在しており、それをやはり「ニューサイエンス」と言い表すことも多いことは確かなことである。ただし、九〇年代も半ばを過ぎた現在では、あえて「ニュー」と形容した内容は、科学の基本的な知見になろうとしている。

F・カプラは『タオ自然学』を発表したあと『ターニング・ポイント』によって、物理学のパラダイム・シフトに端を発したニューサイエンスおよびその根底で進行している人類史的な大きな変革の潮流を概観している。カプラによれば、このニューサイエンスに象徴されるパラダイム・シフトは、科学という領域を超えて、さまざまな領域にひろがっている。いささか長いが、基本的な主張を本書も同じくする『ターニング・ポイント』の序文からの次の引用を読んでもらいたい。

——一九七〇年代に、物理学者として私が抱いていた大きな関心は、今世紀のはじめの三〇年間に物理学で起きた、そして今なお物質理論の中でいろいろ手が加えられつつある、概念や発想の劇的な変化にあった。その物理学の新しい概念は、われわれ物理学者の世界観に、デカルトやニュートンの機械論的概念から、ホリスティック(全包括的)でエコロジカル(生態学的)な視点へと、大きな変化をもたらしてきた。わたしの見るところ、それらは神秘主義の視点ときわめて似通った視点である。

(中略)

一九二〇年代の物理学の危機と同じく、今日の危機もまた、時代遅れの世界観――デカルト＝ニュートン科学という機械論的な世界観――ではもはや理解できないリアリティに対して、そうした概念を適用しようとするところから生まれている。今日われわれは地球規模で相互に結ばれた世界に住んでいるから、生物学的、心理学的、社会学的、環境的現象はすべて相互に依存している。このような世界を正しく記述するには、デカルト的世界観にはないエコロジカルな視点が必要である。

（引用者注：引用に誤記が多いので引用元から直接転記）

（中略）

近代科学はニュートン・デカルト的パラダイムが主柱にあるといわれる。この近代合理主義科学の特徴は、その世界観に「機械論的世界観」があり、この世界観を具体化する方法として、対象を構成要素に分ける「要素還元主義」があるといわれる。

この二つは近代科学を推進してきた両輪であり、不可分の関係にあるものだ。しかし、ここで注意しなければならないことは、この近代科学の発端がデカルト哲学にあったとしても、そこから今日まで急速に発展してきた近代科学の「機械論的世界観」を、デカルトの「機械論的世界観」と完全に同一視するわけにはいかないという点だ。

もともとデカルトは、たがいに分離、独立した二つの領域を問題にしていた。「思惟するもの」、すなわち精神と、「延長されたもの」、すなわち物質である。しかし、ニュートン物理学という強力な推進力を得て、そのうちの一つ、「延長されたもの」だけが、近代科学の対象になり、「思惟するもの」は、置き去りにされた。

以上の引用で注目していただきたいポイントは、このプロローグの筆者もカプラも共に、実際には汎神論者であるニュートンを、デカルトと同様の機械論者（つまり理神論者）とみなしているところです。ニュートンが主張した万有引力と絶対空間、絶対時間は、デカルトの流れを汲む者たち（つまり理神論者たち）からはオカルトに過ぎないと徹底的に攻撃されていたのです。次の引用もこの筆者が、ニュートンもデカルトと同じく理神論者であったと誤解しているらしいことを示しています。

（前略）急速に拡大していく近代合理主義に合致するパラダイムは、哲学者として知られるフランスのルネ・デカルトがもたらした。世界を巨大な機械と同等にみなす「機械論的世界観」は合理的に世界の仕組みを説明するものとして、広く受け入れられた。さらにデカルトのパラダイムを学問として完成させたのがイギリスのアイザック・ニュートンの物理学である。

デカルトの示した世界観は、科学的なパラダイムとして非常に堅固なものである。手法としての『要素還元主義』とあわせて、物理学に限らずほとんどの学問分野が近代に生まれたこのパラダイムに則って発展を続けた。人間を取り巻く多くの疑問は次々に解消し、目ざましい成果をもたらすパラダイムは科学の領域を越えて、社会を人々の意識を変えていった。現代社会も、その基本の考えを継承するかたちで進んでいる。

人間の最も素朴な疑問に対して、現代人の多くは「世界を作るものは原子であり、物体はニュートンの運動法則に従って動いている」と答えるだろう。答えは既に出ている。後は結論の精度を増すだけ。一九世紀の人間も同じように考えていた。

さらに、「ニューサイエンス」の立場は、同書（『【新版】パラダイム・ブック』）からの次の引用に示されるように、生命現象を除けばこの世界では「熱力学の第二法則」つまりエントロピーの法則が自然界を支配していることを認めているようです。

自然界で自発的に起こる変化は、特定の方向性をもっていることを述べた法則がある。「熱力学の第二法則」である。この法則では、宇宙のエネルギーは絶えず無秩序な分子運動へと浪費されているため、最終的な崩壊に向かいつつあり、ついには絶対温度すれすれの均一な温度の一個の無定形な気泡と化してしまう、としている。

ここで取り上げられるのが有名な「エントロピーの概念」である。エントロピーとは「可能性の大きさ」でもある。「構成要素間の関係の複雑さの程度、選り分けられていない程度、予測不能性の程度、ランダムさ、またはでたらめさが増すほどにエントロピーは増大していく」とはよく耳にする説明だ。

仮に箱のなかに四つの気体分子が存在するとしよう。その箱の中心に仕切りを入れ、片側に分子を集める。ここで仕切りを開くと当然分子は拡散していく。これがエントロピーの増大である。

自然現象はこのように、つねに可能性や無秩序が増加する方向へと向かう。ここで大切なことは、この方向は必ず一定であり、その逆は起こらない、つまり不可逆であるということである。言葉を替えるなら、秩序が保たれている状態から、無秩序の方向へと進んでいくということだ。湯に水を入れると、部分ではなく全体が均一な温度のぬるま湯となる。この均一な状態は無秩序の形成に向かっていった結果で、最終的な無秩序状態は「熱的死*」といわれている。そして均一になった温度のぬるま湯が、再び湯と水に別れることはない。これが不可逆ということなのである。

この熱力学の第二法則は「自然界で自発的に起こる変化」について述べたものだと書いた。では、生命についてはどうなのだろう？

実は物理学が生物を説明しようとしたときに、大きな障害となったのが、このエントロピー論だった。なぜなら生物とは、この法則とはまったく逆行するかのように、無秩序どころか秩序形成に向かうものだったからである。

＊熱的死：エントロピーの第二法則にもとづくならば、宇宙全体の温度差も最終的には均一なものとなることになる。熱的な差違があるから運動も起こるのだが、熱平衡の状態では、一切の運動が停止してしまう。これが熱的死と呼ばれるものだ。この、宇宙は最終的に熱的死に向かっているというエントロピーの第二法則からは絶望的な未来図が描かれる。

ここに書かれた「湯に水を入れると、部分ではなく全体が均一な温度のぬるま湯となる。この均一な状態は無秩序の形成に向かっていった結果で、最終的な無秩序状態は『熱的死』といわれている。そして均一になった温度のぬるま湯が、再び湯と水に別れることはない。これが不可逆ということなのである。」は正しいでしょうか？ 私の父はやはり外科医でしたが、私が高校生の頃だったか、科学的思考の大切さを教える話をしてくれたことがあります。それはある産婆さんが、赤ちゃんが生まれそうなので急いで産湯を用意するように家人に申し付けたところ、家人が湯を沸かしたまではよいが水を入れた盥《たらい》に湯を注いで産湯を用意したので、産婆が産湯は湯に水を注いで作らなくてはいけないと言って最初から作り直しをさせたという話で、産婆の非科学性を批判したものでした。最近まで父の言うことが正しいと思っていましたが、最近になってようやく産婆さんの指示に科学的裏づけがあることに気がつきました。昨今の給湯器によって沸かした風呂と違って、自分で風呂窯に薪をくべて沸かした風呂に入っていた我々の世代は、沸かしたての風呂は上が熱くても下は水であることを経験しています。そして湯に水を注ぐと比較的よく混ざりますが、水に湯を注いでもほとんど混ざりません。産婆さんはこのことを知っていたのです。つまり水に湯を注ぎながら丁度よい湯加減をつくるのは難しいことを産婆さんは知っているのです。赤ちゃんにほど良い温度の産湯を用意するためには湯に水を注がなくてはなりません。また丁度良い温度になった湯でも時間がたつと上下に温度差ができます。つまり重力の作用でひとりでに温度勾配ができるわけです。しかしひとりでに対流が起きることはありません。つまり平衡状態は無秩序どころか非常に安定した秩序を持った状態なのです。平衡系のこの安定した秩序を保証しているのは、第1運動法則（つまり運動量保存則や角運動量保存則）から導かれる「重心についての保存則」ですが、これについては29ページで引用したファインマンの著書『物理法則はいかにして発見されたか』からの引用文中に示されています。同書からの引用を少し追加します。

（前略）質量がひとりでかってに席を移すことはできないのであります。このために宇宙空間のロケットは前に進めない――それでも、ロケットは進む。質量をもった粒子がたくさんあるとして同様のことを考えてみればわかりますが、一つが前に進むと、他のは後にさがらなければならない。前に進むのと後にさがるのとあって、すべての粒子の運動量全体としてはゼロ。だからこそロケットは進むのです。初めは空虚な宇宙空間に静止していたとして、ガスをお尻から噴き出します。するとロケットは前進する。要するに、宇宙全体について、その質量中心、すなわち全質量の平均位置はつねに同じ場所にあるのです。何か私どもが目をつけていたものが動いたとしますと、同時に他のなにものかが反動を受けて後退しているはずであります。私たちが目をつけているものだけで保存が成り立つなんて法則はどこにもないのでして、保存されるのは、全体の総合計なのです。

このように一旦平衡状態に達して重心が定まったら、液体や気体の個々の粒子（分子）の運動は独立事象とみなすことはできなくなります。ブラウン運動という現象が分子のランダムな運動を証明しているようにも思われますが、実際には平衡状態に達した系を構成する個々の分子は、系全体の運動量保存則に反するようなランダムな運動をすることはなく、結果として系の重心がひとりでに移動することは決してないのです。ここでまたリフキンの『エントロピーの法則』から引用します。

このように、「エントロピーの法則」をめぐって、一つの定式を見いだそうとする試みは、数多くなされてきた。科学者にとっても哲学者にとっても、これは格好の研究材料であったことは確かである。（中略）まず、「電磁場の基礎方程式」を作り、「光の電磁波説」を証明したマクスウェルは、自ら〝マクスウェルの悪魔〟という架空の生き物を想定し、それによって「エントロピーの法則」と相反する現象が起こることを立証しようと試みた。だが、近代物理学の中でも天才の誉《ほま》れ高い彼の能力をもってしても、「エントロピーの法則」に対する反証を挙げることはできなかったのである。

ここでリフキンは、「マクスウェルの悪魔」が成り立たないことが「エントロピーの法則」の正しさの証拠であるかのように描いていますが、この「マクスウェルの悪魔」の問題は、エントロピーのような不自然な概念によらずとも、「パスカルの原理」あるいは「重心保存の法則」によって簡単に説明できます。閉鎖系であっても重力が作用している系内では均一性が破《やぶ》れることは明らかです。ドレッシングはよく振ってから使いますが、それは重力によって成分が分離してしまっているからです。非平衡から平衡に移る過程というのは、分離されて別々の重心をもっていた系の間の分離が解けて共通重心が定まるまでのプロセスを言い、この過程は不可逆的です。いったん平衡に達して重心が定まると外力の作用がない限り重心の位置は保存されます。この平衡に向かう不可逆的プロセスにおいてエントロピーの増大やでたらめさの増加などが起こるわけではありません。つまり生物においてだけではなく、無機的な物質世界においてもエントロピー増大則は成り立っていないのです。

エントロピーの概念がうまく当てはまらない系は、重力の作用下にある系だけではありません。ニュートンは、ニュートンのバケツの実験で絶対空間に対するバケツの回転が遠心力を生じさせてバケツの縁の水位を上昇させることを示しましたが、水を入れたバケツの代わりに気体を封入した容器を同様に一定の速度で回転させた場合を考えてみましょう。容器の回転が始まってしばらくすると中の気体の回転は容器の回転に同期し、容器に対して相対的に静止します。この時容器中の気体には遠心力による圧力勾配が生じています。つまりこの容器の中の気体分子に対してはマクスウェル分布やボルツマン分布の仮定を置くことができなくなり、したがって熱力学の第二法則は当てはまらなくなるわけです。「いや、熱力学の第二法則は慣性系に置かれた孤立閉鎖系を仮定しているのだから、回転系には当てはまらないのは当然だ」との反論があるかもしれませんが、そうしたら、この宇宙のどこに実際にこの法則が当てはまる系があるのか、そして宇宙全体にエントロピー増大則を適用して宇宙の熱的死を予測することの妥当性はどのように担保されるのか尋ねてみたいものです。

物理学の基本力学はニュートン力学、マクスウェルの電磁気学そして量子力学です。これで四つの物理力はすべて説明できます。特殊相対性理論、熱力学の第二法則は間違った理論ですし、一般相対性理論や超ひも理論、量子重力理論などはすべて神話に過ぎません。現代科学が想定するダークマターやダークエネルギーはまさにオカルトですが、同じオカルトでも万有引力や量子もつれほどは実体がよくわからないままのオカルトなのです。結局「ニューサイエンス」は葬るべき理論を間違えてしまったのです。つまり真に葬るべきは万有引力の法則や絶対空間、絶対時間ではなく、相対性原理を前提とする「相対性理論」であり、孤立系と確率事象を前提とした「熱力学の第二法則」だったのです。この間違いこそが「ニューサイエンス」がやがて壁に直面し衰退してしまう原因でありました。

重力以外の三つの物理力を正確に記述できる量子力学の分野では、局所性（つまり分離可能性）が破れていることが明らかとなり、「ニューサイエンス」はこのことをもとに機械論からの脱却とホリスティックなパラダイム構築の必要性を唱えました。このような「ニューサイエンス」は当時の私にも多大な影響を与えましたが、彼らの主張にはどこか不徹底なところがあるという不満感がくすぶり続けました。その不満感の原因がどこにあるのかが明らかになったのは比較的最近のことです。その原因とはすなわち、彼らがホリスティックなパラダイムを求めておきながら、重力については瞬時の遠隔作用たる万有引力を放棄して局所性が破られないアインシュタインの理論に走り、熱力学に関しても（非生命現象については）、孤立系（つまり分離可能性）の仮定をおく「熱力学の第二法則」を支持するという、真にホリスティックとは言い難い態度をとってしまったところだったのです。

9 汎神論と国体、そして宇宙

芥川龍之介（1892－1927）がその短編小説『神神《かみがみ》の微笑《びしょう》』において、日本の「国体」の正体がいったい何なのかを誰にでも解るように示してくれています。この小説は、日本人にとってまさに必読の書と言えましょう。「青空文庫」にも入っていますので、今すぐダウンロードして読むことができます。その『神神の微笑』から、1576年に京の地に建立《こんりゅう》された聖母被昇天教会いわゆる南蛮寺《なんばんじ》の庭を夕暮れ時に散歩していたオルガンティノ神父（イエズス会の宣教師〈1533－1609〉と、その傍《かたわ》らに突然現れた「この国の霊の一人」と称する老人との対話部分を少し引用してみましょう。

「泥烏須《デウス》（引用者注：キリスト教の神）は全能の御主《おんあるじ》だから、泥烏須に、――」

オルガンティノはこう云いかけてから、ふと思いついたように、いつもこの国の信徒に対する、叮嚀《ていねい》な口調を使い出した。

「泥烏須《デウス》に勝つものはない筈です。」

「ところが実際はあるのです。まあ、御聞きなさい。はるばるこの国へ渡って来たのは、泥《デ》烏須《ウス》ばかりではありません。孔子《こうし》(2)、孟子《もうし》(3)、荘子《そうし》(4)、――そのほか支那からは哲人たちが、何人もこの国へ渡って来ました。しかも当時はこの国が、まだ生まれたばかりだったのです。支那の哲人たちは道(5)のほかにも、呉《ご》(6)の国の絹だの秦《しん》(7)の国の玉だの、いろいろな物を持って来ました。いや、そう云う宝よりも尊い、霊妙《れいみょう》な文字さえ持って来たのです。が、支那はそのために、我々を征服出来たでしょうか？　たとえば文字《もじ》を御覧なさい。文字は我々を征服する代りに、我々のために征服されました。私が昔知っていた土人に、柿《かき》の本《もと》の人麻呂《ひとまろ》(8)と云う詩人があります。その男の作った七夕《たなばた》(9)の歌は、今でもこの国に残っていますが、あれを読んで御覧なさい（引用者注：例えば「天つ川楫《かじ》し音《ね》聞こゆ彦星《ひこほし》し織女《たなばたつめ》と今夕《こよひ》逢ふらしも」など）。牽牛織女《けんぎゅうしょくじょ》はあの中に見出す事は出来ません。あそこに歌われた恋人同士は飽《あ》くまでも彦星《ひこぼし》と棚機津女《たなばたつめ》とです。彼等の枕に響いたのは、ちょうどこの国の川のように、清い天《あま》の川《がわ》の瀬《せ》音《おと》でした。支那の黄河《こうが》や揚子江《ようすこう》に似た、銀河《ぎんが》の浪音ではなかったのです。しかし私は歌の事より、文字の事を話さなければなりません。人麻呂はあの歌を記すために、支那の文字を使いました。が、それは意味のためより、発音のため

(5)　教え。教義。（引用者注：注2〜4、6〜9は省略）

の文字だったのです。舟《しゅう》と云う文字がはいった後《のち》も、「ふね」は常に「ふね」だったのです。さもなければ我々の言葉は、支那語になっていたかも知れません。これは勿論人麻呂よりも、人麻呂の心を守っていた、我々この国の神の力です。のみならず支那の哲人たちは、書道をもこの国に伝えました。空海《くうかい》(1)、道風《どうふう》(2)、佐理《さり》(3)、行成《こうぜい》(4)——私は彼等のいる所に、いつも人知れず行っていました。彼等が手本にしていたのは、皆支那人の墨蹟《ぼくせき》です。しかし彼等の筆先《ふでさき》からは、次第に新しい美が生れました。彼等の文字はいつのまにか、王羲之《おうぎし》(5)でもなければ褚遂良《ちょすいりょう》(6)でもない、日本人の文字になり出したのです。しかし我々が勝ったのは、文字ばかりではありません。我々の息吹《いぶ》きは潮風《しおかぜ》のように、老儒《ろうじゅ》の道(7)さえも和《やわら》げました。この国の土人に尋ねて御覧なさい。彼等は皆孟子《もうし》の著書は、我々の怒に触《ふ》れ易いために、それを積んだ船があれば、必ず覆《くつがえ》ると信じています。科戸《しなと》の神(8)はまだ一度も、そんな悪戯《いたずら》はしていません。が、そう云う信仰の中《うち》にも、この国に住んでいる我々の力は、朧《おぼろ》げながら感じられる筈です。あなたはそう思いませんか？」

　オルガンティノは茫然と、老人の顔を眺め返した。この国の歴史に疎《うと》い彼には、折角《せっかく》の相手の雄弁も、半分はわからずにしまったのだった。

（8）日本神話における風の神。（引用者注：注1〜7、9〜16は省略）

「支那の哲人たちの後《のち》に来たのは、印度《インド》の王子悉達多《したあるた》(9)です。――」

老人は言葉を続けながら、径《みち》ばたの薔薇《ばら》の花をむしると、嬉しそうにその匂を嗅《か》いだ。が、薔薇はむしられた跡にも、ちゃんとその花が残っていた。ただ老人の手にある花は色や形は同じに見えても、どこか霧のように煙っていた。

「仏陀《ぶっだ》(10)の運命も同様です。が、こんな事を一々御話しするのは、御退屈を増すだけかも知れません。ただ気をつけて頂きたいのは、本地垂跡《ほんじすいじゃく》(11)の教の事です。あの教はこの国の土人に、大日孁貴《おおひるめむち》（引用者注：天照大神《あまてらすおおみかみ》）は大日如来《だいにちにょらい》(12)と同じものだと思わせました。これは大日孁貴の勝でしょうか？　それとも大日如来の勝でしょうか？　仮りに現在この国の土人に、大日孁貴は知らないにしても、大日如来は知っているものが、大勢あるとして御覧なさい。それでも彼等の夢に見える、大日如来の姿の中《うち》には、印度仏《ぶつ》の面影《おもかげ》よりも、大日孁貴が窺《うかが》われはしないでしょうか？　私《わたし》は親鸞《しんらん》(13)や日蓮《にちれん》(14)と一しょに、沙羅双樹《さらそうじゅ》(15)の花の陰も歩いています。彼等が随喜渇仰《ずいきかつごう》(16)した仏《ほとけ》は、円光のある黒人《こくじん》ではありません。優しい威厳《いげん》に充ち満ちた上宮太子《じょうぐうたいし》(1)などの兄弟です。――が、そんな事を長々と御話しするのは、御約束の通りやめにしましょう。つまり私が申上げたいのは、泥烏須《デウス》のようにこの国に来ても、

（1）聖徳太子（574?〜622）のこと。用明天皇の皇子。推古天皇の皇太子。仏教の保護者。

勝つものはないと云う事なのです。」

『神神の微笑』の終わり近くの、老人の最後の言葉は次のようなものです。

老人はだんだん小声になった。

「事によると泥烏須《デウス》自身も、この国の土人に変るでしょう。支那や印度も変ったのです。西洋も変らなければなりません。我々は木々の中にもいます。浅い水の流れにもいます。薔薇《ばら》の花を渡る風にもいます。寺の壁に残る夕明《ゆうあか》りにもいます。どこにでも、またいつでもいます。御気をつけなさい。御気をつけなさい。……」

その声がとうとう絶えたと思うと、老人の姿も夕闇の中へ、影が消えるように消えてしまった。（後略）

以上の引用からも分かる通り、芥川龍之介はわが国の「国体」の正体が、まさにわが国固有の汎神論的世界観つまり「神道《しんとう》」に他ならないことを見抜いていたのです。そのことが『古事記』や『万葉集』からはっきりと読み取れること、そしてその世界観が日本人の心の奥底にしっかりと根を下ろしており舶来の荒っぽい理神論的世界観に取って代わられることは決してなく、逆に理神論的世界観の方が和風つまり汎神論的に作り替えられてきたという事実を「老人」に語らせているのです。

次に西田幾多郎《きたろう》（1870－1945）が大東亜戦争（太平洋戦争）中に書いた論文「世界新秩序の原理」から引用します。これも「青空文庫」で読むことができます。

（前略）各国家民族が何処《どこ》までも自己に即《そく》しながら、自己を越えて一つの世界を形成すると云《い》うことは、各国家民族を否定するとか軽視するとか云うことではない。逆に各国家民族が自己自身に還《かえ》り、自己自身の世界史的使命を自覚することによって、結合して一つの世界を形成するのである。かかる綜合《そうごう》統一を私は世界と云うのである。各国家民族を否定した抽象的世界と云うのは、実在的なものではない。従ってそれは世界と云うものではない。（中略）私の云う所の世界的世界形成主義と云うのは、他を植民地化する英米的な帝国主義とか連盟主義とかに反して、皇道《こうどう》精神に基《もと》づく八紘為宇《はっこうい う》の世界主義でなければならない。抽象的な連盟主義は、その裏面に帝国主義に却って結合して居るのである。

歴史的世界形成には、何処までも民族と云うものが中心とならなければならない。それは世界形成の原動力である。（中略）民族と云うものも、右の如く世界的世界形成的として道徳の根源となる様に、家族と云うものも、同じ原理によって道徳の根源となるのである。単なる家族主義が、すぐ道徳的であるのではない。世界的世界形成主義には家族主義も含まれて居るのである。（中略）日本精神の真髄は、何処までも超越的なるものが内在的、内在的なるものが超越的と云うことにあるのである。（中略）我国の国体の精華が右の如くなるを以て、世界的世界形成主義とは、我国家の主体性を失うことではない。これこそ己を空《むなし》うして他を包む我国特有の主体的原理である。之によって立つことは、何処までも我国体の精華を世界に発揮することである。今日の世界史的課題の解決が我国体の原理から与えられると云ってよい。英米が之に服従すべきであるのみならず、枢軸国も之に倣《なら》うに至るであろう。

（ルビは引用者による）

西田がここで「皇道精神」、「日本精神」あるいは「我国体」と呼んでいるものも、わが国固有の汎神論的世界観つまり「神道」のことであるに違いありません。それに対し、他を植民地化する英米的な帝国主義や国際連盟主義は理神論的な力の論理に基づいています。理神論は他民族を支配し搾取することを正当化しますが、汎神論は多民族の共存共栄をめざします。引用の最後の文章の予測は現時点ではまったく実現していません。しかし、（主に英米の）少数の国際金融資本家たちによる理神論に基づく世界支配の企み《たくら》（つまりグローバリズム、新世界秩序）はいよいよ行き詰まっており、今こそ汎神論が「世界新秩序の原理」として理神論に取って代わるべき時なのでしょう。

次に福岡大学人文学部の岸根敏幸教授の論文「日本神話におけるアメノミナカヌシ（Ⅱ）」（福岡大学人文論叢　第四十一巻　第二号　http://www.adm.fukuoka-u.ac.jp/fu844/home2/Ronso/Jinbun/L41-2/L4102_0905.pdf）より引用します。

（前略）世界の諸神話の記述を見るかぎり、それは、神によって日常世界が作られたという形をとる場合が多い。たとえば、最もよく知られているのが、『旧約聖書』「創世記」の冒頭に出てくる、神の意志による創造神話であろう。この記述では、神が光を初めとして、天、地、海、人間、動物など、すべてのものを作ったとされている。（中略）しかし、これとは異なる形のとらえ方も存在している。それは、神によって日常世界が作られたのではなく、神自身が日常世界と一体化しているとでも言うべきものである。その具体例として、太陽神を挙げることができるであろう。（中略）前者を「創造型」、後者を「一体型」と分類しておくことにしたい。

さらに、この創造型と一体型という二つの形態における日常世界の聖化について比較してみるならば、あくまでも相対的な違いではあるが、聖化の度合いは――すなわち、日常世界と日常を超えた聖なる世界との結びつきの度合いは――、一体型の方が強いと言えるであろう。なぜなら、創造型の場合、神によって作られた日常世界は、ひとたび作られるや否や、神と切り離された存在となってしまうのに対して、一体型の場合は、日常世界そのものが絶えず神と同一視され続けるからである。

このように岸根は神話をまず、「創造型」すなわち創造主である神が被造物としての日常世界を作ったとするものと、「一体型」すなわち神自身が日常世界と一体化しているものに分けています。そして岸根は日本神話が一体型であることを指摘します。ところでこの分類を既成の言葉に置き換えると、創造型は有神論、一体型は汎神論ということになります。さらに引用を続けます。

（前略）『古事記』の神話において神名を列挙している記述として、以下の十箇所を挙げることができるであろう。

①　別天つ神に関する記述
②　神世七代に関する記述

③　イザナキとイザナミによる神生みに関する記述
④　ヒノカグツチの血に成った神に関する記述
⑤　ヒノカグツチの死体に成った神に関する記述
⑥　イザナキの棄てた所持品に成った神に関する記述
⑦　イザナキがミソギをした際に成った神に関する記述
⑧　スサノヲの系譜に関する記述
⑨　オホナムヂの系譜に関する記述
⑩　オホトシの系譜に関する記述

（中略）

まず⑧～⑩の記述は、ある特定の神について、その子孫の系譜を表記しようとしている。この場合、父親である男神と母親である女神がいて、そこから単独あるいは複数の子が生まれるという記述になっており、その記述が何代にもわたって連ねられているのである。（中略）このような形態を便宜的に「系譜型」の神名列挙と呼んでおくことにしたい。

これに対して、①、②、④～⑦の記述の場合、「Aという神が成った。次に、Bという神が成った。次に、Cという神が成った。……」という形で示されていて、系譜型とは異なり、父親や母親に該当する神は登場していない。（中略）このような形態を「系譜型」とは区別するために、便宜的に「非系譜型」の神名列挙と呼んでおくことにしたい。

ここで特に注目したいのは「非系譜型」とされた①の神々ですが、同論文には『古事記』の記述として次のように記されています。

天地初発之時、於高天原成神名、天之御中主神。次高御産巣日神。次神産巣日神。此三柱神者、並独神成坐而、隠身也。
（天と地がはじめて開けたとき、高天の原に成った神の名は、アメノミナカヌシの神である。次に、タカミムスヒの神である。次に、カムムスヒの神である。この三柱の神はみな独神として成ったのであって、隠身であった。）

このように、天地開闢のまず最初に成った（つまり実現した）神がアメノミナカヌシの神です。アメノミナカヌシの神は、アリストテレスの言う第一原因あるいはスピノザ（１６３２－１６７７）の言う自己原因と同様、自ら成った神であり決して被造物ではありません。そして次にタカミムスヒの神とカムムスヒの神が成りますが、これは量子宇宙として現れたアメノミナカヌシが、タカミムスヒとカムムスヒという完全な対称性を持った双子の宇宙に分かれたことを表していると解釈することができます。つまりサハロフの双子宇宙論そのままなのです。宇宙創成はこの天地開闢つまり汎神論による説明がベストでしょう。創造型の神の場合は、パスカルがデカルトを「彼は、世界を動きださせるために、神に一つ爪弾きをさせないわけにはいかなかった。それからさきは、もう神に用がないのだ」と非難した通り、この日常世界が神の関与がまったくない理神論（あるいは無神論）の世界になってしまいます。しかしこの世界には理神論では決して説明できない物事や現象が満ちあふれています。例えば、宇宙の開闢、絶対空間と絶対時間の存在、万有引力の法則、運動量保存則、量子もつれ、生命の発生と進化、意識の存在、共時性などなどです。

10 確率論の前提は正しいか

数学的に確率事象や確率過程を想定することは可能ですが、現実に厳密な確率事象や確率過程などは存在しません。例えば、統計力学においては個々の粒子が確率分布するという仮定を置きますが、その仮定は正当なものではありません。なぜならこの世界のすべての事象は万有引力（つまり重力）や量子もつれなどで繋がっており厳密な独立事象や孤立系は存在し得ないからです。したがって統計力学や統計熱力学の前提は崩れており熱力学第二法則も正しいものではありません。また突然変異という確率事象と自然選択の原理によって進化が説明できるとするダーウィニズムも正しい仮説ではありません。自然の事象に対して独立性の仮定をおけるとし、さらにはそれらの独立事象の生起がランダムであるとみなして「大数の法則」をあてはめますが、この世界には厳密な独立事象など存在せず、またそれらの事象の生起がランダム（無作為）であると仮定することには全く妥当性がありません。

熱力学とダーウィニズムは同じく統計的思考を土台にしておきながら、熱力学第二法則では情報は失われやがて宇宙は熱的死に至るとし、ダーウィニズムでは生命においては突然変異という確率事象に自然選択という選択圧《セレクション》が加わるので進化が起きる（つまり情報は増す）と矛盾した主張をします。結局、生物において自然選択という圧力を特別に仮定するダーウィニズムは、生命において生気やエンテレヒーといった特別な力（あるいは作用因）の存在を仮定する生気論と本質的に変わらないのです。それにダーウィニズムは無生物から生命が発生したことの説明が全くできていません。では生命の発生と生物の進化はどのように説明されるのでしょうか。ダーウィニズムでは前述のように突然変異と自然選択で進化を説明しようとしますが、これは正しいものではありません。汎神論では「自然すなわち神」としますのでダーウィニズムの自然選択はそのまま「神の選択」となります。そしてこれこそが進化の原動力であるとみなします。まず遺伝子の変異がまったくランダムに起きるものであるとはみなしません。今西が言うように、変異は起きるべき時にパッと起きるのです。理神論者は「そんなことはあり得ない、あり得るというなら理由を示せ」と言いますが、汎神論者は逆にそうでないことはあり得ないと考えます。だいたい理神論者は、熱力学において宇宙でのすべての事象がランダムに起きることを前提にした統計力学を根拠に、エントロピー増大の法則を主張しています。ところが生命の発生と生物の進化においては、この法則に反する事象が数十億年にわたりこの地球上で起こり続けているのです。エルヴィン・シュレーディンガー（１８８７－１９６１）のように生物は負のエントロピーを食べてエントロピー増大を防いでいるといってみたところで、地球の生態系全体を一つのシステムと見たとき、そのシステム全体のエントロピー減少（つまり進化）を説明することはできず、また生命の発生をエントロピーの概念で説明することなどまったくできないのです。しかしシュレーディンガーの名誉のために一言申し添えますと、彼は量子力学の波動方程式の提唱者であり、またウパニシャッド哲学のアートマン＝ブラフマン（梵《ぼん》我《が》一如《いちにょ》）を信奉する汎神論者であって、決して理神論者ではありませんでした。彼は、生命が（当時正しいと信じられていた）熱力学の第二法則に反しているように見えるという事実に何とか説明を加えようとしただけなのです。

先にも述べましたが、エントロピーという概念は現実世界にはまったく当てはめることができず、したがって科学的には無意味な概念に過ぎません。つまりエントロピーの法則にはなんの根拠もなく熱力学の第二法則などまったくのナンセンスなのです。熱力学は統計力学としてではなく非平衡が平衡に向かうという平衡の力学としてとらえられるべきです。そしてその際の基本法則はエントロピーの法則ではなくニュートンの第1運動法則つまり運動量保存の法則ということになります。エントロピーは常に増大して情報は失われ続けるという熱力学の第二法則は間違いで、実際には情報は増加しています。しかもこのことは無機的世界においても成り立ちます。そのおかげでこの宇宙に生命が発生し、生物が進化し、さらには人類が出現するに至ったのです。しかし意識はこの宇宙の誕生時から存在していました。というよりも、宇宙意識つまり神が自己原因として成る（実現する）ことによってこの宇宙が誕生したわけです。

そもそも確率事象や確率過程を定義するためには乱数列の実在を前提にしなければなりませんが、実は厳密な乱数発生装置など存在せずしたがって真の乱数列は実在しないのです。ニュートン力学で記述される世界には厳密な確率事象が存在しないことは前に述べましたが、量子力学の世界においては存在するのではないかという意見もあるでしょうし、実際光子を用いた乱数発生装置が実用化されてもいます。ところがそういった装置で発生する乱数が真の乱数であるかどうかを検証することはできません。実際ある状況下において、世界中に置かれた乱数発生装置が同期して極端な偏りをもったことがあります（〝地球意識プロジェクト〟）。つまり量子の世界にも独立事象の仮定は近似的にしかおけず、したがって厳密な確率化は不可能なのです。

ランダムネス（でたらめさ、無作為性）という概念は決して自明のことではありません。ランダムネスは数学的にも大変興味深いものではありますが、いまだによくわかっていないところも多く、またパラドックスもかかえています。例えばある有限の数列が乱数列であるか否かを確かめる方法は存在しません。確かに、幾つかのランダムネスの検定方法が存在しており、複数の検定法を併用することによって、規則性があればそれを発見することはある程度可能であるかもしれません。しかし有限個の検定法で規則性が見つからないからといって、不規則であるということの証明にはなりません。そのうえ、ある無限乱数列を仮定するとき任意の有限数列が必ずその一部となりますので、偏りのない数列を得るために、一定以上の偏りやなんらかの規則性をもった数列を除外するという行為が、ある種の偏りを生じさせることを意味しています。これはパラドックスです。結局、どんな数列も、それが乱数列であるとも乱数列でないとも証明されることは決してないのです。

数学においてはともかく、科学においてランダムネスを前提とした確率事象や確率過程を持ち出すのは、この世界における神の存在を否定したい理神論者たちです。ニュートン力学における万有引力の法則や運動量保存則は遠隔作用や絶対空間の存在を前提にしないと成り立ちません。そして遠隔作用や絶対空間の存在は理神論を根底から脅かします。統計熱力学におけるマクスウェル分布やボルツマン分布の仮定は運動量保存則や絶対空間の否定ひいては汎神論の否定につながります。しかし実際には熱力学におけるこれらの仮定の方がすべて間違っており、理神論はすでに破綻しているのです。

11 理神論の終焉

2章で、無神論者（従って理神論者）であるドーキンスの「パスカルの賭け」に対する批判が破綻していることを示しました。しかし「パスカルの賭け」は論理的に完璧であり批判を寄せつけるものではありませんが、神の存在を証明するものではありませんでした。ではドーキンスが主張するように神が存在する可能性は極めて低いのでしょうか？　確かに「有神論の神」の存在証明は不可能ですが、「汎神論の神」の存在証明は実に簡単です。まず、デカルトの「我思う、ゆえに我あり」を正しいとします。つまりあなたがあなた自身の存在を認めていることを前提にします。そのあなたに、「では、宇宙（あるいは世界）は存在しますか？」と問えばどう答えますか？　この問いに「いいえ」と答える人つまり極端な唯心論者（あるいは観念論者）はここでは横に置いておきます。そこで、あなたがこの問いに「はい」と答えたとします。すると、汎神論ではあなたを含めたこの宇宙（つまり大自然）をそのまま神と考えるわけですから、汎神論の神の存在証明はこれで終了です。

以上の証明に対して、「そんな馬鹿な」と思う方も多いでしょうが、アリストテレスの「第一原因」（あるいは「不動の動者」）つまり神、スピノザの「自己原因」あるいは「実体」つまり神、『古事記』の「アメノミナカヌシの神」などはすべてこの宇宙そのものを神の実現（あるいは顕現）であるとみなしているわけです。現代物理学においても「宇宙開闢（ビッグバン）がなぜ起きたのか」とか「この宇宙はなぜこのような姿をしているのか」といった質問には、「もしそうでなかったらそんな質問を発するものは誰もいない」という人間原理で答えることになっていますが、この人間原理を「あなたのような知的生命を生み出すためにこの宇宙は開闢した」という目的論的表現に書き換えてみると、人間原理が「宇宙すなわち神」とする汎神論に他ならないことがよくわかります。この人間原理を人間中心主義に過ぎないといって非難する人がいますが、それは人間原理が人間中心主義ではなく汎神論（つまり神中心主義）であることを理解できていない所為《せい》でしょう。

さて汎神論はこのように否定しようがないのですが、どうしてもそれを認めたくない理神論者が持ち出すのが確率論です。ランダムネスつまりでたらめさは神に依らずとも成り立ちそうだということで、この宇宙の成り立ちから進化のプロセスまでのすべてを確率事象によって説明しようとするのが無神論者です。生命や意識発生の問題も、無限個の宇宙の中でわれわれはたまたま生命や意識の発生する宇宙にいるだけだと言うわけです。熱力学の第二法則もこの宇宙観から生まれましたし、ダーウィニズムもそうです。しかし今までで示してきたように熱力学の第二法則が正しいとすると、進化は決して起きずダーウィニズムは成り立ちようがありません。統計熱力学は平衡状態にある系の気体分子がランダムに分布してランダムに動いているという仮定をまず置きます。つまり平衡状態とは系の情報がすべて失われた状態にあるとするのです。しかしこの仮定は明らかに間違っています。平衡状態にある孤立系は重心が定まっていますし、温度や圧力も定まっています。これらの値（つまり情報）が勝手に変動したり失われたりしないことは運動量保存則やパスカルの原理から明らかです。ブラウン運動する粒子がランダムに動くように見えるのは、それはその粒子が系に対して非平衡の状態にあるからであり、平衡状態に達した気体分子が勝手に位置を変えることはありません。統計熱力学でエントロピー増大の法則が出てくるのは、実は「平衡状態にある気体粒子は確率分布する」という仮定のもとに「孤立系が平衡状態に達すると系のエントロピーは最大になる」を導いているためです。ニュートン力学によると非平衡状態にある孤立系は平衡状態に向かうわけですから、もし「平衡状態に達すると系のエントロピーが最大になる」が正しいならばエントロピー増大の法則が正しいことになるというだけの話です。しかし先にも述べたように、気体分子が確率分布するというその仮定自体が間違っているのですから、エントロピー増大の法則は正しくありません。

無神論や理神論で決して説明できない問題は、宇宙開闢や生命の発生と進化だけではありません。絶対空間と絶対時間、遠隔作用としての万有引力（つまり重力）、運動の第1法則（運動量保存則）、量子もつれ、そして意識の問題などもそうです。他にもインテリジェント・デザインや共時性の問題そして死後の世界の問題などがあります。ではこれらの問題に対する汎神論の答えはどうなるのでしょうか。まず汎神論では、宇宙開闢は自己原因に基づく「実体（つまり神）」の実現とみなしますし、生命の発生と進化はサムシング・グレート（つまり神）のインテリジェント・デザインに基づくものと考えます。ニュートンは絶対空間を神の感覚器官と呼んでいますが、そうすると万有引力はさしずめ神の運動器官ということにでもなるのでしょうか。ともかく絶対空間に対する運動量保存則、そして万有引力の法則や量子もつれのような遠隔作用などは、すべてオカルト的な「神の御業《みわざ》」とみなす他に理解のしようがありません。

理神論者たちは汎神論を葬るために、ニュートンの第1運動法則を「慣性の法則」と言い換えることによって角運動量保存則を蔑《ないがし》ろにし、絶対空間の存在を否定しようとしたのです。彼らは等速直線運動はすべて相対的なものに過ぎないとして、慣性の法則が成り立つ系（つまり慣性系）はすべて同等であり絶対空間など存在しないと主張しました。1887年にマイケルソンとモーリーが光の干渉を用いてエーテル静止空間（つまり絶対空間）を検出しようとして失敗したことを発表すると、理神論者たちはこれこそ「様々な慣性系において光速が一定である」という「光速不変の原理」が成り立っている証拠であり、従って絶対空間を完全に否定することができると喜びました。そしてポアンカレはこの実験結果を受けて「相対性原理」が成り立つ新力学を考案し、さらにはアインシュタインがその新力学とほぼ同等の「特殊相対性理論」を提唱しました。特殊相対性理論によってニュートン力学は単なる近似理論へと貶《おとし》められてしまい、絶対空間は完全に葬り去られたことになっています。ところが20世紀後半に宇宙マイクロ波背景放射（ＣＭＢ）が発見され、そのＣＭＢの正確な観測の結果ＣＭＢ静止座標系が定まりました。この事実こそ「光速不変の原理」が正しくないことの明白な証拠であるにもかかわらず、理神論者たちはそれを決して認めようとはしません。

また理神論者は遠隔作用としての万有引力つまり重力作用の説明に困り、在りもしない「重力波」によってそれを説明して遠隔作用を否定しようとしますが、この説明は完全に破綻しています。重力作用が瞬時に伝わることは惑星や彗星そして月の運行データがはっきりと示しています。たかだか光速でしか伝わらない重力波によってそれら天体の正確な楕円軌道を説明することは不可能なのです。

12 理神論を超えて

小森義峯博士の論文「十七条憲法の憲法学的重要性について」から引用します。

今日，世界各国の憲法史上から見て，一般に，世界最古の成文憲法である，と考えられているものは，英国の1215年制定の「マグナ・カルタ（大憲章）」であろう。

（中略）

ところで，十七条憲法は，西暦604年の制定であるから，西洋法史上の最初の成文憲法である1215年制定のマグナ・カルタよりも，更に611年も古いことになる。しかも，世界法史上，十七条憲法以前に，成文憲法の名に価するものは存在しない。

（中略）

したがって，十七条憲法こそ，名実共に，世界最古の成文憲法である，と断ずることができる。

このように「マグナ・カルタが世界最古の成文憲法である」とする西洋での定説にまず異を唱え、その上で次のように、西洋の諸憲法が（『旧約聖書』の教えがヤハウェ神とユダヤの民との契約に基づいているのに似て）君主（権力保持者）と人民との間の契約に基づいており、西洋が基本的に理神論の社会であることを示します。

一般的に言って，西洋法史上に表われたマグナ・カルタを初めとする諸憲法の特質は，①成立の過程が権力闘争的・階級闘争的なものであること，②成立の基礎が君主（権力保持者）と人民との間の契約に基づくこと，③内容が権利宣言的・権利保障的なものであること，などの諸点にあるように思われる。

（中略）

殊に，フランス革命以後の近代国家が，果すべしとされた最大の国家目的は，対外的には，自国の国益の追求であり，対内的には，自国民の基本的人権の保障であった，といえるのではなかろうか。近代憲法の中で採用されている立憲政体，すなわち，三権分立主義や議会制民主主義も，つまりは，自国民の基本的人権の保障のために考えられた制度であった。

これは，国民の側からいえば，国家に対する自己の権利主張であり，他方，国家対国家の関係からいえば，他国に対する自国の権利主張であり，自国の国家目的達成のためには，手段を選ばないという，いわゆる「帝国主義」的な行き方でもあった。

これが，例えば，今世紀においても，第1次世界大戦，第2次世界大戦，朝鮮戦争，ベトナム戦争等々の悲惨な戦争を引き起こし，更には，今なお，アラブ・イスラエル間の紛争，旧ユーゴー領内における人種的・宗教的な血で血を洗う抗争，英国内におけるＩＲＡのテロ活動等々となって表われている，といえよう。

飽くなき権利の自己主張，そのための血みどろの闘争，核兵器の行使をも辞さぬ自国の国益のみの追求，その反対に，武力（核兵器を含む）の行使による権力保持者側による被治者の権利の抑圧等々，フランス革命以後築き上げてきたこのような近代の西洋文明的手法によって，来るべき21世紀の地球と人類とを救うことは，もはや不可能である，と思われる。

では，一体，どうすればよいのか。

その解決策を見出すことは，甚だ至難の業ではあるが，私見によれば，十七条憲法が，何かしら，そのための大きな示唆を与えてくれているように思われる。

十七条憲法は，日本古来の神道は勿論，仏教，儒教，道教，さらには法家の思想など，東洋の思想ないし精神文化の粋を集めて総合的に練り上げ，国家生活の根本規範としたものであり，聖徳太子の独創により成るものである。

ここで「フランス革命以後築き上げてきた近代の西洋文明的手法」と表現されているものこそ、西洋合理主義のやり方つまり理神論の手法を意味しています。そして十七条憲法の精神つまり汎神論の思想こそが解決に役立つのではと述べられているのです。では十七条憲法の精神とは何でしょうか？　それは一言でいえば「和を以って貴しとなす」ということです。次に、十七条憲法の一条、十条、十七条のそれぞれ一部を書き下し文を添えて示します。


一曰。以和為貴。無忤為宗。

（一に曰《い》わく、和を以《も》って貴《とうと》しとなし、忤《さから》うこと無きを宗《むね》とせよ。）

十曰。絶忿棄瞋。不怒人違。人皆有心。心各有執。彼是則我非。我是則彼非。

（十に曰わく、忿《ふん》〈こころのいかり〉を絶ち瞋《しん》〈おもてのいかり〉を棄《す》て、人の違《たが》うを怒らざれ。人みな心あり、心おのおの執《と》るところあり。彼是《ぜ》とすれば則ちわれは非とし、われ是とすれば則ち彼は非とす。）

十七曰。夫事不可独断。必與衆宜論。少事是輕。不可必衆。唯逮論大事。若疑有失。故與衆相辨。辞則得理。

（十七に曰わく、それ事《こと》は独《ひと》り断《さだ》むべからず。必ず衆《もろもろ》とともによろしく論《あげつら》うべし。少事はこれ軽《かろ》し。必ずしも衆とすべからず。ただ大事を論うに逮《およ》びては、もしは失《あやまち》あらんことを疑う。故《ゆえ》に、衆とともに相弁《あいわきま》うるときは、辞《ことば》すなわち理《ことわり》を得ん。）

十七条に「論《あげつら》う」と記されていますが、「論」というのはもともと「物事の是非、理非、可否を論じる」という意味であり、「ささいな非をことさらに取り立てて言う」といった非難の意味はありませんでした。ここでももちろん前者の意味であり、したがって十七条の大意は「大事な物事を決めるときには、皆で是《ぜ》なる理由も非《ひ》なる理由もたくさん挙げて論議し、しかる後に物事の是非を判断しましょう」というものです。そしてその際には、一条や十条にあるように自分と違う意見に対して腹を立てることのないように、和《なご》やかに協議しましょうということになります。『古事記』に記されたわが国の神々は、大事なことは神議《かむはか》ることによって、つまり合議によって決めてきました。10月は八百万《やおよろず》の神々が神議りのために出雲にお集まりになるので、出雲の国以外では神無月《かんなづき》と呼ばれるのです。尤《もっと》も神様がいらっしゃらない瞬間などはありませんが、それはともかく十七条憲法は理神論に基づく西洋の憲法とは違って、神道というわが国特有の汎神論のうえに成り立っているのです。

古《いにしえ》よりわが国の民が和《やわらぎ》、調和、和諧《わかい》を大切にする民であったからこそ、自国を和国、大和《やまと》と称し、また十七条憲法の冒頭で和を唱えたのです。芥川が『神神の微笑』で書いているように、支那からはいろいろな文物が入ってきましたが、和魂《わこん》つまり大和心《やまとごころ》が漢意《からごころ》に取って代わられることは決してありませんでした。つまり和魂漢才に徹したのです。さらには西洋文化が入ってからもやはり和魂洋才に徹しました。これは日本の国体である神道（皇道）という汎神論（全体論）には理神論（二元論）を丸ごと取り込んでしまう包容力があることを示しています。デカルトの二元論では世界は精神世界と物質世界という二つの接した円で表されますが、汎神論（全体論）ではその二つの円を含む一つの大きな円で世界を表します。この境地は禅の「一円相《いちえんそう》」とまったく同じです。このように二元論は汎神論に含まれるわけですから、理神論を超えるためには理神論を否定する必要などまったくなく、理神論を取り込む汎神論の立場に立てば良いだけなのです。

しかし、わが国の国体が危機に瀕したことが無かったわけではなく、幾度か大変な危機に見舞われましたが、詳しくは歴史家に任せることにいたしましょう。ここでは第二次世界大戦後に日本を襲った大きな危機のみを取り上げます。戦勝国とくに米国の日本に対する偏見と差別に基づく占領政策はとても過酷なものでした。ポツダム宣言を受諾して降伏したわが国に対して、GHQは裁判とは名ばかりの一方的な報復劇である東京裁判を実施したのをはじめ、憲法、政治、教育、経済、産業、報道といったわが国固有の領域に直接介入して、日本文化（つまり国体）を徹底破壊し日本を弱体化させるさまざまな企《たくら》みを実行しました。GHQはWGIP（ウォー・ギルト・インフォメーション・プログラム）によってすべての日本人に罪の意識を植えつけようと徹底的な洗脳を図ったのです。

和のこころとは、「おかげさまで」「ありがとう」「いただきます」という感謝のこころであり、「もったいない」「かたじけない」という謙譲のこころであり、そして「おだいじに」「ごくろうさま」といういたわりのこころ、ねぎらいのこころです。また「ごゆるりと」というおもてなしのこころでもあります。欧米は東京裁判によって日本を悪として自らの非道を正当化しようとしました。そうしなければ日本による報復を正当化することになってしまうと恐れたに違いありません。しかし汎神論が自然に備わっている日本人には、報復の意図など全くないことに欧米人は気づくべきです。日本人が望んでいるのは、先の大戦後に戦犯の汚名を着せられた方々も含めたすべてのわが国のご先祖に対して尊崇と感謝の念をあらわすことに、どうか邪魔立てしないでほしいということ、日本人の祖先を貶め辱《はずかし》めるような捏造された歴史（つまりプロパガンダ）を日本人の若者に押し付けないでほしいということに過ぎません。戦勝国だからと言ってポツダム宣言を受け入れた国に対して嘘を押し付ける権利などはないはずです。日本は無条件降伏したのではなくポツダム宣言を受け入れたのでした。サンフランシスコ講和条約で日本は東京裁判の諸判決はやむなく受け入れましたが、東京裁判において捏造された虚偽の歴史までをも受け入れたわけではありません。かといって東京裁判をやり直せとか、いまさら戦勝国の非道を糾弾せよなどと主張している日本人がいるわけではないのです。ただ虚偽の歴史を盾にして日本を侵略しようと企む内外の勢力から、国体つまり汎神論を守りたいだけの話なのです。

13 おわりに

前著『素人だからこそ解る「相対論」の間違い「集合論」の間違い』において相対性理論や無限集合論が矛盾した理論であることを示しましたが、本書においては「熱力学の第二法則（エントロピー増大の法則）」もやはり間違っていることを指摘しました。科学は物質世界を合理的（つまり論理的）に理解できると仮定しますが、実は「物質世界が合理的に理解しうる」という保証など全くありません。それどころか「世界が理性によって理解可能である」とするこの理神論の教義《ドグマ》は間違っているのです。もしこの世界が理解可能であるとするならば、最初に一撃あるいは一つの爪弾きを加えた神（つまり創造主）がいたかどうかは別にして、少なくともこの世界には神がいないことになります。理神論者はこの世界をそのような唯物論の世界とみなしたいわけですから、そのためには汎神論的神の存在を否定する必要があります。なぜなら汎神論の神はこの世界の何処《どこ》にでも存在するわけですから、唯物論が成り立たなくなってしまうためです。理神論者の真の目的は利己主義の正当化です。したがって理神論者にとっての「不都合な真実」とは、絶対空間の存在、万有引力や量子もつれといった遠隔作用の存在、生命の発生とその進化などといった、汎神論の証拠となるような働きや事象の存在でありました。そこで絶対空間を否定するために慣性系の相対性を前提にした特殊相対性理論や統計熱力学を、そして遠隔作用を否定するために重力波をひねり出したわけです。また、進化を説明するために、確率事象としての突然変異と適者生存に基づく自然選択を持ち出しますが、そんなもので進化を説明できるはずがありません。それに変異は決して確率事象などではないのです。

理神論者は汎神論の否定によって、現世利益のあくなき追求を正当化しようとします。理神論は実際、サムシング・グレート（つまり汎神論の神）の前では到底できないような利己的で残虐な行為を、罪悪感もなく遂行《すいこう》するための拠りどころとなってきました。そのことは、例えば、欧米列強の帝国主義に基づく苛酷な植民地支配を思い起こせば明らかでしょう。現在、一握りの国際金融資本家すなわちグローバリストたちのあくなき利益追求の結果、すでに世界の富の70％が世界人口の1％に過ぎない彼らの手に握られており、今後も彼らはますます富の寡占を企んでいます。そしてそのことの正当化にアダム・スミスの「見えざる手」論が使われますが、この論も実は理神論者によるまやかし論に他なりません。しかし彼らは、世界の政治、経済、情報、学問といったほとんどすべての分野を、金の力によってすでに支配下に置いています。彼らは自らを正当化するために、汎神論を否定し理神論を押し付ける情報操作を行ってきました。例えば、ニュートン力学は絶対空間の存在を前提にしてはじめて成り立ちますが、絶対空間は理神論ではなく汎神論こそが真理であることを示します。そこで彼らは絶対空間を否定するために相対性理論を死守してきたのです。そして相対性理論に疑義を抱く学者たちを学界から排除してきました。しかし、今後、もし世界中の人々が理神論は部分真理でしかなく汎神論こそが本当の真理であることに気づくことになるならば、平和で豊かな世界が実現するに相違ありません。そのために必要な知恵は、巧緻な政治・経済理論などではなく、「おかげさまで」「おたがいさま」「もったいない」といった、互いに他を思いやる利他の心なのです。

参考文献

リチャード・ドーキンス『神は妄想である』垂水雄二訳　早川書房
前田陽一編『世界の名著24　パスカル』中央公論社
エベン・アレグザンダー『プルーフ・オブ・ヘヴン』白川貴子訳　早川書房
レイモンド・ムーディ／ポール・ペリー『生きる／死ぬ　その境界はなかった』矢作直樹監修　堀天作訳　ヒカルランド
矢作直樹『人は死なない』バジリコ
矢作直樹『おかげさまで生きる』幻冬舎
立花隆『臨死体験』上・下　文藝春秋
鈴木秀子『臨死体験　生命の響き』大和書房
石井登『臨死体験研究読本』アルファポリス
河辺六男編『世界の名著26　ニュートン』中央公論社
R・P・ファインマン『物理法則はいかにして発見されたか』江沢洋訳　ダイヤモンド社
ラマルク『動物哲学』小泉丹・山田吉彦訳　岩波文庫
今西錦司／飯島衛『進化論──東と西』第三文明社　レグルス文庫
今西錦司／吉本隆明『ダーウィンを超えて』朝日出版社

今西錦司『私の進化論』思索社
ハンス・ドリーシュ『生気論の歴史と理論』米本昌平訳・解説　書籍工房早山
松田卓也／二間瀬敏史『時間の逆流する世界』丸善出版　１９８７年
ジェレミー・リフキン『エントロピーの法則』竹内均訳　祥伝社
C＋Fコミュニケーションズ編著『【新版】パラダイム・ブック』日本実業出版社　１９９６年
フリッチョフ・カプラ『ターニング・ポイント』吉福伸逸・田中三彦・上野圭一・菅靖彦訳　工作舎
エリッヒ・ヤンツ『自己組織化する宇宙』芹沢高志・内田美恵訳　工作舎
芥川龍之介「神神の微笑」『芥川龍之介全集４』ちくま文庫
E・シュレーディンガー『生命とは何か』岡小天・鎮目恭夫訳　岩波新書
池内了『物理学と神』集英社新書
岸根敏幸「日本神話におけるアメノミナカヌシ（Ⅱ）」福岡大学人文論叢　第四十一巻　第二号
小森義峯「十七条憲法の憲法学的重要性について」憲法論叢　創刊号　１９９４年４月
西田幾多郎「世界新秩序の原理」青空文庫

革島　定雄（かわしま　さだお）

1949年大阪生まれ。医師。京都の洛星中高等学校に学ぶ。1974年京都大学医学部を卒業し第一外科学教室に入局。1984年同大学院博士課程単位取得。1988年革島病院副院長となり現在に至る。

【著書】
『素人だからこそ解る　「相対論」の間違い「集合論」の間違い』（東京図書出版）

理神論の終焉
——「エントロピー」のまぼろし

2015年11月2日　初版発行

著　者　革 島 定 雄
発行者　中 田 典 昭
発行所　東京図書出版
発売元　株式会社 リフレ出版
〒113-0021　東京都文京区本駒込 3-10-4
電話（03）3823-9171　FAX 0120-41-8080
印　刷　株式会社 ブレイン

ISBN978-4-86223-895-5 C0040
Printed in Japan 2015

ご意見、ご感想をお寄せ下さい。

［宛先］〒113-0021　東京都文京区本駒込 3-10-4
東京図書出版